大樂文化

大樂文化

大樂文化

談判
要學數學家
桌上
說出一朵花

100%的準備和傾聽，為對方「計算」雙贏的局！

寧姍──著

目錄

Contents

第3章

Contents

前言 一本人人都需要的「麥肯錫談判勝經」！

當遇到困境或衝突時，你會怎麼做？是硬著頭皮上戰場，還是聽天由命、隨波逐流？很多時候，盲目上戰場與隨波逐流一樣，都會導致失敗。

當我們想要戰勝困難、扭轉危機時，除了保持冷靜之外，更需要擁有智慧。一旦擁有冷靜的心態和聰明才智，就會看見一扇通往光明的大門正緩緩開啟，而這扇門就是「談判」。

唯物辯證法強調，任何事物在發展過程中不可能總是一帆風順。在生活和工作中，往往會遇到不如意的事，談判便是解決問題的好方法。只要大家對同一件事抱持期望，談判就有機會發生。因此，談判無所不在，特別是在商務活動中，談判顯得尤其重要。

不同的人對談判有不同的認知及定義。英國談判家馬許（P.D.V. Marsh）認為，談判是在一項涉及雙方利益的事務中，為了滿足自身利益而進行協商，並根據情況及時調整條件，進而達成協定的協調過程。

法國談判專家克里斯托夫・杜邦（Christophe Dupont），在《談判的行為、理論與應用》一書中指出，談判是相關成員面對面坐在一起，因為彼此間存在分歧而對立，卻又因為彼此需要而相互依存，透過達成某種協議，以便終止分歧，並創造、維持、發展某種關係。

《國際商務談判》的作者張祥認為，談判是人們為了協調彼此的關係、滿足各自需求，透過協商而爭取意見一致的行為和過程。

綜合以上所述，談判是在正式場合中進行的交涉、洽談、協商活動。從談判的定義來看，它是雙方為了各自利益而謀求雙贏所採取的行動。雙方經過談判交換意見，期望消除分歧，最終達成妥協或一致的目標。

那麼，談判應該怎麼談才能實現既定目標？肯定不是雙方見個面、隨便聊聊、簽字畫押這麼簡單。世界知名顧問公司麥肯錫，在談判方面有著極豐富的經驗和各種理論體系，例如享譽全球的邏輯金字塔、SCQA分析法。

本書以談判的標準流程為架構，麥肯錫的方法論為素材，展現一個完美的談判方法，是一本人人都需要的「談判勝經」。

說話技巧經常運用在談判中，但嘴巴功夫再好，也無法讓企業脫離困境。其實，你需要的是能扭轉劣勢的交涉技巧，不過在此之前，得了解談判如何使企業擺脫困境，以及危機的發展與特點。

此外，本書最後的附錄，提出企業常面臨的六個困境，供大家參考。

序章

這不只是說話課，還能帶來雙贏的收穫！

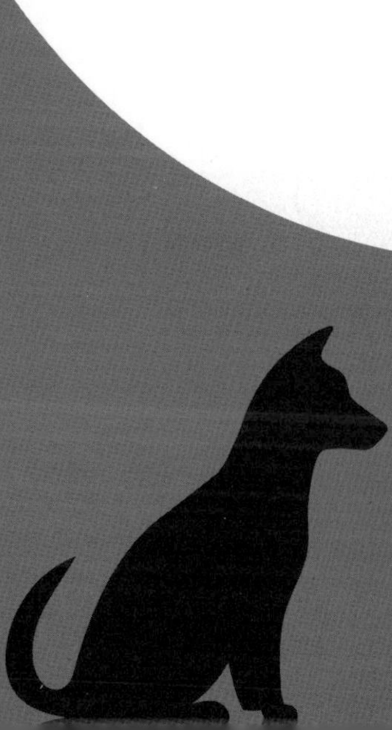

個人與企業的致勝關鍵，都是解決利益衝突

企業在經營過程中，若環境突然出現不確定因素的變化，例如：企業自身問題、國家標準更改、沒有按照客戶要求執行工作，就會引發一系列危害企業的情況。

企業的經營活動總是伴隨著與外部的交流、員工之間的互動、股東之間的往來，由於各方利益取向不同，出現衝突是無可避免的。當這些衝突發展到一定程度，並對企業的聲譽、經營活動或內部管理造成負面影響時，會演變成企業危機。

危機顧名思義就是危險和機遇並存。**唯有充分意識危險的存在，才能採取預防措施，進而發展成為機遇**。如果企業對環境變化缺乏警覺，對帶來的危險渾然不覺，就會逐漸喪失競爭力，在危險到來時手足無措、無力應變，最終被市場淘汰。

安逸是看不見的危機，總在不知不覺中傷害我們。電腦界藍色巨人ＩＢＭ的慘敗

經驗，便是典型案例：

ＩＢＭ公司成立於一九一一年，是一家資訊技術公司。在ＩＢＭ的管理階層發現大型電腦可以為公司帶來豐厚利潤後，整個ＩＢＭ都沉浸在安逸的氛圍裡，以為從此高枕無憂。當ＩＢＭ陶醉在自我成功的喜悅時，市場環境已經悄悄發生變化——人們更看好便於攜帶的小型電腦。不過，ＩＢＭ不理睬這個新市場，完全沒有意識到危機即將降臨，依然沉醉於大型主機電腦造就的輝煌中，繼續擴增它們的市場比重，最終害慘自己。

成敗之間的差異只在於是否擁有危機意識。企業管理階層若忽視危機的存在，最終會像溫水中的青蛙一樣死於安樂；若時刻保持高度警戒，就會激發無窮的潛力，在危險來臨時找到成功的機遇，促進企業發展。

由於危機對生存與發展有著重要影響，甚至會引發巨大衝擊和破壞，所以對一家企業來說，領導者的危機意識會直接影響企業的成敗。

危險與機遇是一體兩面，下決定前要設想不良後果

任何危機都是危險與機遇的結合，一家企業面臨的究竟是危險還是機遇，可說是取決於管理者的決定。唯有開啟正確的門，才會找到新的發展契機，否則將帶來不良影響。因此，對企業來說，危機是一個新的發展起點。

❖ 抱持僥倖心態終會害到自己

經歷三聚氰胺事件之後，中國蒙牛集團發生特侖蘇OMP事件，讓消費者對乳製品望而生畏。二〇〇九年二月十一日，許多記者收到國家質檢總局發出的內部公函，內容表示禁止蒙牛集團向特侖蘇牛奶添加OMP。隔天，OMP成為各大媒體關注的

焦點，蒙牛集團一夜之間陷入危機狀態。

後來，雖然國家質檢總局暫時排除OMP對人體的危害，但同時指出，依據《食品安全衛生管理法》規定，進口無國家衛生標準的產品必須經過衛生部批准。中國現行衛生標準沒有允許使用OMP食品原料，蒙牛集團不僅違反規定擅自進口使用，還有造假宣傳的嫌疑。

此外，中國奶業協會也提出質疑，該協會常務理事王丁棉表示：「蒙牛集團一直迴避事實，並且造假國外使用情況來蒙蔽消費者。事實上，OMP在國外很少食用。根據奶協在美國的調查顯示，美國政府至今沒有食品認證機構正式批准該類產品。」

由於乳製品眾多，人們一旦對蒙牛集團有疑慮，就會大幅降低消費慾望，導致該集團損失慘重。蒙牛集團因為OMP危機，再加上先前的三聚氰胺事件，企業形象大打折扣，再次陷入輿論譴責與市場失守的雙重煎熬。

從上述案例可知，企業不管做什麼決策，都要先設想不良後果。蒙牛集團的管理階層抱有僥倖心態，害企業陷入危機。雖然主管機關已發布公告，許多電視台也做了報導，蒙牛集團還特地為此召開記者會，但無法彌補事件帶來的負面影響。

❖ 了解危機的四個特點，事先打好預防針

我們觀察危機的產生，不難看出危機具有以下四個特點：

①**意外**：危機總是潛伏在表象之下，所以人們通常對它毫無防備。當企業面臨危機時，需要管理者當機立斷，但往往危機迅雷不及掩耳，決策時間及資訊有限，導致決策失誤，帶來無可預估的損失。

②**破壞**：危機也是一種意外，所以對企業來說，會造成不同程度的破壞，嚴重時甚至帶來混亂和恐慌。如果管理者缺乏應對的智慧與能力，就會使企業遭受巨大損失。

③**聚焦**：人人皆有好奇心，當某個企業出現問題，特別是影響消費者利益時，會引起大眾的注意。在資訊化時代，媒體以其傳播快、影響廣的特點，使危機快速成為大眾關注的焦點。

④**緊迫**：專家認為，危機不但對社會系統的基本價值和行為準則產生威脅，還要

求決策者在時間壓力和不確定因素下，做出關鍵決策。這明顯表達出危機的緊迫特徵。

由於危機總是突然爆發，令企業措手不及，所以在危機萌芽之初，就加以解決或避免惡化，是預防不良後果的首要任務。否則一旦危機爆發，卻不能及時控制，它的毀滅性能量就會迅速釋放、蔓延，使企業蒙受嚴重損害。

因此，企業必須有強烈的憂患意識、科學的決策力，以及從現象認識本質的邏輯思維，才能合理地解決危機，避免無法彌補的損失。

想扭轉劣勢，你的交涉態度與技巧是基本裝備

《韋氏字典》這樣解釋危機：「危機是事件轉機與惡化之間的轉捩點。」就字面意思來說，危機是由危險、危難和機遇、機會所組成，因此企業出現危機不代表它的後果一定是負面的，只是前途未卜，具有一定程度的風險。如何把握這個轉捩點，取決於決策者對待危機的態度及解決能力。

❖ 妥當處理危機，踢開成功路上的絆腳石

房地產商SOHO中國公司董事長潘石屹，曾是一位放棄穩定工作，靠打工維持生計的人，他能有今天的成就，與創業的勇氣和扭轉劣勢的能力有關。潘石屹曾說：

「在現今多元化的時代，突發事件已成為企業經營常態，許多企業往往在面臨危機時猝不及防、亂了心智，似乎沒有應對的準備，導致今後工作中處處消極。」

二〇〇一年，潘石屹開發的「ＳＯＨＯ現代城」大賣，但後來許多屋主反應新房裡有刺鼻的臭味。北京相關單位對房子進行檢測，發現空氣中氨氣濃度高出國家環保部的標準。潘石屹馬上明白這件事的嚴重性：如果處理不當，自己將淪為黑心開發商，並對現代城的聲譽造成毀滅性衝擊。面對突發危機，他冷靜且主動出擊，迅速找到原因。原來是施工單位在進行工程時，為了防止天氣太冷造成混凝土凝固，而加入含氨的防凍劑。

潘石屹當機立斷，在第一時間公開向所有客戶道歉並說明原因，另一方面，立刻在全世界徵求消除氨氣的設備和技術。為了徹底解除大家的疑慮，他還答應那些想退屋的客戶，以原價的百分之十作為賠償，並且可以無條件退屋。

潘石屹的補救措施不僅打響誠信的品牌特質，還為自己做了免費廣告。後來，「綠色」成為ＳＯＨＯ現代城的行銷賣點，壞事變好事，原本的絆腳石成為新專案的推進器。

❖把握五個關鍵，化危機為轉機

潘石屹用行動證明，危機不是只帶來毀滅和衝擊，還帶來機會和力量，關鍵在於決策者的因應態度和能力。如果能做到以下五點，你也可以扭轉劣勢：

①**具備危機意識**：俗話說：「有備無患」，雖然危機具有突發性，但任何事情的發生都有原因，只要管理者仔細觀察，不放過任何經營細節，並隨時做好應對準備，即使發生災難，也能及時化解、防止更大傷害，同時提升企業的競爭力。

②**正面應對**：當危機來臨時，企業高層和決策者絕對不能掩蓋事實，否則會帶來嚴重的損失，因為掩蓋事實無法解決任何問題，只會使危機更嚴重。只有正面應對，向公眾說明實情並積極尋找對策，才有機會解決問題。潘石屹面對突來的氨氣事件，不僅公開致歉、說明事情的起因，而且積極尋找解決方法，最終成功扭轉劣勢。

③**保持頭腦清醒：**危機具有突發和毀滅的特徵，讓許多決策者在面臨危機時，手忙腳亂、不知所措，擔心對公司帶來嚴重後果。其實，危機一旦發生，不會因為你的慌亂無措而減緩。管理者應該保持頭腦清醒，分析危機產生的原因，迅速找到解決方法，否則很難改變企業遭受衝擊或倒閉的命運。

④**態度誠信：**領導者面對問題時，如果只想息事寧人，採取敷衍的方法，會讓問題更糟糕。正確的態度是拿出誠信，向顧客承諾，一方面尋求大家的原諒，一方面積極尋找解決方法。就像潘石屹所說：「處理危機最有效的方法是誠實，失去誠實代表失去一切。人可能有許多美德，但如果他是一個不誠實、愛說謊的人，便會失去所有美德。管理企業也是同樣的道理，誠信、誠實就是解決問題最有力的方法。」

⑤**善用媒體：**媒體的義務是傳播資訊，對他們來說，新聞的時效就是競爭力，誰先搶得第一手資料，誰就擁有優勢。「好事不出門，壞事傳千里」，媒體更希望搶得有負面影響的獨家新聞，因此他們對危機事件特別感興趣，當危機來臨時，企業可以利用媒體的心理，主動接受報導，並積極合作，爭取正面宣傳，

進而淡化危機的負面影響，讓危機變成轉機。

總之，危機是一種不穩定的狀態，所以在危機面前一定要保持冷靜，尋找最佳解決方案，讓危機變成企業發展的良機。

談判不僅能化險為夷，還可以帶來3個收穫

雖然企業產生危機的原因不同，但不外乎以下兩個原因：

① **內部經營不善**：企業自身在營運過程中產生危機。

② **外部導致**：因外部環境變化而引起危機。

企業很難掌控外部客觀、不可抗拒等因素所引發的危機，因為它們具有極大的不確定性。相對地，內部因素可以透過管理有效避免，而運用談判解決問題，就是企業自身的積極行動。

❖任何的談判都有原因

進行任何談判都有一定的原因，雙方都希望得到滿意的結果。所以，只要做好充足的準備、掌握對方的資料，加上高超的談判技巧，透過談判脫離困境就是一件簡單事。一般情況下，談判具有以下兩個動機：

①**追求與維護雙方的自身利益**：追求利益是每一家企業生存和發展的保障，談判便是企業追求利益最大化的有效方式。競爭往往兩敗俱傷，只有雙方都獲利，才能達成雙贏的目標，所以談判的首要動機是追求與維護雙方的自身利益。

②**尋求雙方共識，促進合作成功**：談判的真正目的是促使雙方產生共識、互相合作，以獲取最大利益。雙方唯有找到共同之處、達成共識，才能展開有效的合作，實現互利共贏。這種相互依賴的關係，是談判的重要動機之一。

❖談判有時勝過千軍萬馬

魯僖公三十年九月，鄭國遭到秦、晉兩國的聯合進攻，處境非常危險。大臣佚之狐向鄭文公推薦燭之武：「如今鄭國處於危險之中，假如讓燭之武去見秦穆公，一定可以解除危險。」

鄭文公接受佚之狐的建議，沒想到竟遭燭之武拒絕，燭之武說：「我年輕時辦事尚不如別人，現在老了更沒有本事。不行，我做不了大事！」

鄭文公聽聞後，向燭之武道歉：「對不起，我以前沒有重用您，是我的錯。現在鄭國處於危險之中，如果真的滅亡，對您也不利啊！」燭之武深思熟慮後，便答應這件事。

當天晚上，秦穆公接見燭之武。一開始，他對燭之武的到來沒有放在心上，燭之武說：「如果秦、晉兩國圍攻鄭國，鄭國肯定會滅亡，但大王是否想過，滅掉鄭國對您有好處嗎？您把鄭國滅了，鄰國真的會遵守邊界不踰越嗎？您滅掉鄭國不僅對秦國沒有好處，反而增加鄰國的力量。如果您把鄭國當作接待過客的主人，供給秦國出使的人缺少的東西，對您沒有害處。您曾幫過晉惠公，他答應給您焦、瑕兩座城池，可是他回去後就加緊修築防禦工事，您難道忘了嗎？晉國是不會滿足的。您現在這樣做等於是增強晉國力量。希望您慎重考慮！」

燭之武的一番話讓秦穆公心悅誠服，便與鄭國簽訂盟約而撤軍，並且派遣杞子、逢孫、楊孫幫助守衛鄭國。

燭之武靠一張嘴，輕鬆化解鄭國即將發生的亡國危機，這就是談判的魅力。燭之武巧妙利用矛盾，找到與秦國的共同利益，終於說服秦穆公，解除鄭國的危機。行軍打仗講究攻心為上，軍事談判也是攻心的方法之一，有時候它的作用勝過千軍萬馬。其實，解除企業危機同樣可以採用談判策略。

❖ 扭轉危機之外的收穫

談判不僅能為企業扭轉危機、擺脫困境，還能帶來以下三個意想不到的收穫：

①**實現經濟目的：**談判的目的是讓自身的利益最大化。一場成功的談判，建立在雙方都有獲利上，所以談判是企業實現經濟目的的重要手段。

②**獲取重要訊息：**對優秀的談判者來說，透過談判不僅能了解對方的實力和資訊，還能藉由對方的談判資料，獲取重要的市場訊息。

③**開拓市場：**企業的實力在於產品的市場競爭力，這也是談判桌上的軟實力。想開拓更廣泛的市場，就要依靠談判這個無形力量。如果談判成功，就能為企業獲取更大的市場占有率。

本章重點整理

- 唯有充分意識危險的存在，才能採取預防措施，進而成為發展的機遇。
- 危機具有四個特點：意外、破壞、聚焦、緊迫。
- 在危機萌芽之初，加以解決或避免惡化，是預防產生不良後果的首要任務。
- 企業出現危機不代表後果一定是負面的，只是前途未卜，且具有一定程度的風險。
- 企業遇到危機時，若能有危機意識、正面應對、保持頭腦清醒、態度誠信及善用媒體，就可以扭轉危機、脫離困境。
- 危機不只帶來毀滅和衝擊，還帶來機會和力量，關鍵在於決策者的態度與能力。
- 談判不僅可以幫助企業擺脫困境，還能為企業帶來意想不到的收穫。

NOTE

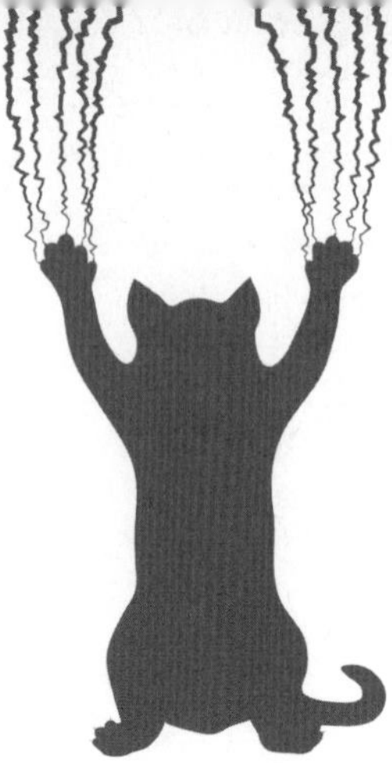

談判前，麥肯錫會為了達到既定目標，做好輸贏計算。除了搜集資料與分析對手需求之外，挑選腦力激盪的參與者也至關重要。

本章將介紹談判前的算計方法，讓你贏在談判的起跑點，獲得眾人的掌聲。

第 1 章

談判前，如何做好「輸贏計算」？

沃爾瑪對產品成本瞭若指掌，讓供應商無力招架

在資訊化時代，人們無論做什麼事情，都必須了解並掌握大量訊息，商務談判也是如此。事實上，很多談判者之所以會失敗，是因為初期的整理工作做得不夠周到。

談判過程中對資訊的需求度極高，如果我們沒有掌握較多的資訊及相關資料，又不了解對方，就會走向失敗。比方說，當對方拋出強硬的觀點時，我方需要使用大量的事實和論據來證明自己的論點。如果對方強於我們，而且我們沒有充分掌握證據和資料，就會不斷被對方壓迫，導致談判失利。

❖ 談判就是一場資訊戰

傳播學有一個概念：「掌握足夠的資訊，能消除人們的不確定感。」所以，在談判正式開始前，想要了解對方的意圖、制訂計畫、確定策略等，都離不開搜集資料。尤其**在長期談判前，更應該搜集大量的客觀證據和資料，如果談判者能在搜集資料上下功夫，必然會更具說服力**。許多成功的商務談判，也僅僅是利用龐大資料庫中的其中一個。

沃爾瑪曾向中國幾家廠商採購電動滑板車，採購數量高達上百萬輛，共有好幾十種款式。不過，沃爾瑪對這些企業提出一個嚴苛的要求——必須提供每一個零件的詳細報價，供他們選擇。

當時，中國電動滑板車業尚未進入穩定發展期，如此龐大的訂單是各企業努力爭奪的目標。好幾家企業為了爭取訂單，提出保本也要做的策略，在報價時盡可能壓低成本，將利潤降到最低。

但在談判過程中，沃爾瑪突然改變採購方案，分解部分企業的訂單，只採購低成本或虧本的產品。在如此龐大的壓力下，位在深圳的深茂企業選擇放棄。事後，深茂負責人感慨地說：「與沃爾瑪談判的過程中，我們始終處於被動狀態，因為沃爾瑪對我們的產品與成本瞭若指掌。」

為何沃爾瑪可以在談判中占據主導地位？有些企業家認為，這是中國企業的惡性競爭所致，但真正的原因是沃爾瑪擁有龐大的資料庫支援，並且準確分析原始資料，因此掌握談判的主導權。

❖搜集資料的原則

資料可以分成兩種類型：一是原始資料，也就是談判者能直接獲取的知識、概念、經驗、資訊等；二是加工資料，即對原始資料進行分析、加工、改編或重組後形成的新形式、新含義的資訊。

投資人都知道，要先根據業內行情（原始資料）做出預測，如果等到所有人都知道消息（加工資料）才行動，就為時已晚。所以，這裡談的原始資料，主要是指形成事實最重要的部分，包括文件、報表等一手資料，而不是經過轉述、加工後的二手資料。

有時候，談判者沒有親眼所見、親耳聽聞、親身經歷，就永遠無法知道第一線究竟發生什麼事，因為很多看似緊密相關的事物，一到現場便出現分離的情況，而平時乍看毫無關係的事物則變得緊密。這些情況都是在第一線搜集原始資料時才能發覺，但在間接的簡報、論文等二手資訊中無法發現。

為了保證搜集原始資料的品質，談判者必須遵守以下原則：

①**準確性：**無論經由什麼途徑獲取原始資料，都必須真實、可靠，這是搜集資料最基本的要求。為了達到這個要求，談判者應該反覆審核、檢驗獲取的資訊，努力把誤差降至最低。

②**時效性：**談判很重視時間，所以搜集原始資料必須具有時效性。唯有迅速提供資料並加以利用，才能顯示資料的價值。尤其談判特別講究事前資料，而非事後諸葛。

③**完整性：**搜集到的原始資料必須廣泛且完整，而非片面、零碎。只有完整的資料才能完好無缺地反映談判的整體面貌，為談判提供保障。

❖ 搜集原始資料有五個管道

想要獲得沒有經過任何處理或過濾的原始資料，就必須用對方法，找到正確的管道。以下將資料分為五個種類，供大家參考：

①**銷售資料：**你可以前往銷售第一線，直接與顧客交流，甚至和他們一起行動。

②**製造商資料：**建議直接前往生產線，與現場人員進行交流，並在條件允許的情況下，一起動手執行某項作業。

③**產品研發資料：**你可以和購買產品的顧客進行交流，從他們口中獲取第一手資訊，例如：為何使用此產品、此產品與其他產品的區別、在不同場合該如何使用等等。

④**研究資料：**與研究者當面交流，或前往研究室現場進行調查與研究。

⑤**相關資料：**針對未經加工的第一手原始資料，觀察其變化或特徵。

在搜集資料的過程中，必須採取正確的方法，千萬不能像對待犯人一樣審問對方，而是採取謙虛友好的態度，即使只是閒聊，也可能會有資訊源源而來。

❖談判前，你要預測結果

談判前的準備階段，主要是研究雙方的資訊和方案，並預測可能會遇到的各種情況，再做出結論。

在準備階段，我方談判成員之間總會有各種分歧，因此要就我方可能存在的分歧，制訂解決方案並進行討論，以獲取我方的最大利益與對手的認可。另外，還要調查各種可能影響我方利益的因素，其中包括對手的方案，以確定目標的可行性，盡量排除可能性不高的方案。

換句話說，這個階段要研究雙方利益的起點、臨界點、轉捩點，以及能爭取的各項要點，經由討論得出雙方談判的協定及其幅度，並分析利益，確認是否需要進行談判，才能避免盲目行動。

在預測談判成功的可能性時，要結合已知情況，討論未來走勢。預測越接近現實，討論出的備案就越有效。在準備階段討論各種可能性，是以周密分析所有可變因素為基礎。**唯有對各種可能因素做出假設與推理，才能得出有效推動談判的方案，這正是談判成功與否的關鍵。**

在討論完雙方的各種資訊後，才能制訂合理的方案，進入綜合分析的步驟。在準備階段的綜合分析中，要對談判方案進行整體研究和調整，最後得出有效結論，但這並非最終結論，還需要在談判的實際操作過程中，加以修正或補充。

想在準備階段提高談判勝率，關鍵在於如何分析雙方的情況，以下將詳細介紹。

❖ 分析對手情況，掌握主導權

英國哲學家法蘭西斯・培根（Francis Bacon）在其著作《談判論》（*Of Negotiating*）中指出，只有在談判的準備階段，深入了解對手的情況，並做出充分而準確的打量，才能真正掌握主導權。如此一來，談判將成為滿足雙方利益的媒介。

談判時，我們必須調查與了解對手的情況，主要有以下三點：

①**綜合實力：**包括對方的企業發展歷史、社會影響力、資本累積的過程、現階段的投資狀況，以及主打產品的品質、產量和技術裝備的水準等。

②**需求及誠意：**包括對方談判的真實意圖、達成意向的真誠度與迫切度，以及選擇餘地。簡單來說，就是盡可能了解對方在需求、信譽、能力及作風等方面的資訊。

③**團隊成員的狀況：**包括對方的團隊成員，以及各自的職務、性格和經驗。尤其最好可以了解主談者的能力和權力，以及對本次談判的態度和意見。由於各次談判的性質和要求有所不同，不妨更深入且針對性地搜集資料，例如：成員之間是否存在矛盾、誰可以為我方所用、對方是否有幕後操控等。

❖ 具體分析我方情況

在準備階段，對談判內容進行針對性的自我分析，是相當正確的做法。經由對照目標進行自我分析，可以藏拙露巧，有助於獲得滿意的結果。

分析我方可能取得的結果時，可以採用以下的標準：在技術上具有可行性，在經濟上具有合理性，同時能帶來效益。以引進技術和設備的談判為例，如果你的選擇正確，就能取得良好的經濟效益，為企業發展帶來好處；如果你的選擇不妥，就會造成資金的浪費，導致企業虧損。

為了避免談判過程中出現主觀和盲目的狀況，我們在談判的準備階段應投入必要的資金和時間，集中精力分析技術和經濟上的可行性。

頂尖顧問都擅長訪談，用6方法獲得第一手資訊

在麥肯錫的所有專案中，獲取第一手資料的必要途徑是訪談，而且還要多次訪談。無論是個人還是團隊，談判開始前都需要獲取重要資訊，訪談便是麥肯錫顧問填補知識上的空白、獲得更多經驗的最佳方法。

雖然談判者透過閱讀書籍、報刊文章和學術論文能獲得許多知識，可是要了解一家公司的實際情況，必須前往公司的基層，從第一線員工那裡尋求答案。

在麥肯錫，訪談被視為一種技能，在解決問題的流程中占據十分重要的位置。無論你是資歷最淺的基層員工，還是資深的高層管理，都會有急需他人資訊和智慧的時刻。那麼，談判者該如何進行正確的訪談呢？

❖做好準備：製作一份訪談提綱

訪談前，你必須做好萬全的準備。我們可能只有半小時的時間，採訪一位再也不會碰面的受訪者，所以必須先想好要問哪些問題。**建議你寫一份訪談提綱，這麼做可以節省雙方的時間，並獲得更準確、詳細的資訊**，畢竟沒有人願意消耗過多的時間接受採訪。

在製作訪談提綱時，有兩個層面需要思考：一是你必須清楚知道自己提出的問題是什麼，並按照一定順序記錄下來；二是你必須明白自己真正需要什麼、想要達到什麼目的、為何需要訪談這號人物。如果清楚自己的訪談目的，就能將問題排序，並且正確地表述。

根據麥肯錫的習慣，一次性訪談通常要從一般問題開始，再提出具體問題。當然，不要馬上進入敏感話題，例如直接問對方：「你的職責是什麼？」「你會在這家公司待多久？」我們可以先從溫和的問題開始，譬如行業概況，再循序漸進。

確定訪談的問題時，可以加入一些你已知道答案的問題，這樣能讓你了解受訪者的誠實及知識，另一個好處是，很多你以為知道正解的問題，說不定還有不同的答案。

寫好訪談提綱後，從頭到尾再看一遍，然後問自己：「在這次的訪談中，我最想知道的三件事情是什麼？」這三件事情是你在訪談前就想知道的，因此你在離開前必須找到這些事情的答案。

❖訪談過程中要專注傾聽

麥肯錫顧問在訪談技術方面非常獨到，其中訪問者最需要做的就是「讓對方知道你一直在傾聽」。

如果你有誠意地請教、有禮貌地提問、有耐心地傾聽，受訪者通常會很樂意回答，特別是當他知道你對他講述的事感興趣時。你可以在談話的空隙加入一些穿插語，讓對方明白你正在聽，例如：「是的」、「我明白了」、「嗯」，這麼做也可以給對方一個喘息和組織想法的機會。

另外，訪問者還可以透過肢體語言表達自己的興趣，舉例來說，在受訪者說話時，讓自己的身體微微靠近他的方向，受訪者每講完一句話就點頭表示理解，並且做好記錄。即使對方喋喋不休，也要拿出筆和紙做記錄，這麼做可以讓對方知道你一直在傾聽，並沒有注意力渙散。

不過，為了不讓訪談內容偏離主題，訪問者也可以在必要時打斷受訪者，例如在對方離題時，你可以微笑打斷他的話，或尋找說話的空隙，引導他重新回到主題上。

❖ 訪談成功的六個策略

每一次訪談都要講究策略，如果你想在有限的時間內達成目的，可以嘗試以下六個策略：

①**請受訪者的上司安排見面：**從受訪者上司的口中說出這次訪談的重要性，能讓受訪者更認真地對待此次訪談，尤其當他知道上司希望自己接受訪談時，更不

會搪塞或誤導你。

②兩人一組進行訪談：一個人的訪談確實困難，因為必須獨自做好採訪和記錄，很容易因為忙於記錄，而在提問的環節上出錯，也容易忽略受訪者透露的線索。這時最好能安排兩人一組進行訪談，在訪談時輪流提問和做記錄。

③有條理地複述：並非每個受訪者都能清晰有條理地表達想法，所以當對方說話毫無邏輯或嚴重離題時，你要有條理地複述他們的話。他們聽完你的複述之後，可以告知內容是否正確，而且還有補充資訊和強調重點的機會。

④旁敲側擊法：如果受訪者在某些問題上感覺被冒犯，訪問者不要繼續深入地問下去，應該圍繞在重要的問題上，旁敲側擊地獲得想知道的資訊。

⑤切忌問太多：訪談的過程中也要有所收斂，不要追問受訪者知道的每一件事，因為你的目的只是獲取重要資訊，所以要學會適可而止。

⑥抓住時機追加提問：在訪談結束後，受訪者通常會變得鬆懈，防備心也會減弱，這時可以藉機再次向他提問，或是在訪談時間剩餘不多時，詢問受訪者是否還想告知什麼事。這麼做也許會有意外收穫。

❖訪談結束後寫一封感謝信

小時候長輩經常教我們，在收到禮物或接受他人的幫助後，要記得感謝他人。因此訪談完畢，你回到自己的辦公桌時，可以花點時間寫一封感謝信。這樣會讓你顯得有禮貌，也能突顯專業素養，或許會產生意想不到的收穫。

麥肯錫顧問時常提起這個故事：

有一位年輕顧問，去採訪位於美國中部的一家農產品公司的高級銷售主管，他打電話告訴客戶自己來自麥肯錫，需要做大約一個小時的訪談後，受到對方的熱情歡迎。那位高級銷售主管說：「那你快來吧！」

年輕顧問才剛抵達公司，那位主管就興高采烈地拿出一封從麥肯錫寄來的信給他看。這封信是十五年前，由另一位麥肯錫顧問寄來的，信裡感謝這位主管接受自己的採訪。主管將這封信與自己的學位證書，一起掛在辦公室最顯眼的位置上。

可見得，有時候一點點的禮貌，就能建立長期且穩定的往來。正因為有了這封感謝信，對方才會馬上同意並期待著麥肯錫的訪談。

用麥肯錫獨創的SCQA分析法，準確剖析對手的需求

很多談判者因為事前準備不周，犯下目標不明確、方法不恰當的錯誤，導致談判中過度拘泥小節而無法自拔。由此可見，有備而來是談判成功的首要原則。優秀的談判專家都是一流的溝通者，而溝通最重要的是發掘對方需求。

❖抓住對方需求，為談判做正確決策

一般情況下，準備階段包括搜集資料、分析資料和制定計畫三方面。許多談判教材中提到的準備工作，是指搜集談判內容與成員資訊、分析對方的興趣，以及制定談判計畫。

那麼，我們該從哪方面著手？要搜集多少資料才能掌握對方目的？該如何評定對方的偏好並加以分類？計畫應該做到什麼程度？是綜攬全局還是針對某個階段？一般教材中沒有仔細交代這些細節，以至於讀者認為，資料準備得越完善，獲益就會越多。

但事實真是如此嗎？我們又該如何判斷是否已做好準備？這時候，**挖掘對手的需求顯得很重要，這可以幫助我們縝密分析和研究談判的準備過程，判斷是否準備得既充實又有效，而不是有所欠缺或過分周到**。

以下是一個因為掌握對方需求，而獲得成功的例子：

一九九二年，柯林頓與老布希競選美國總統，在政見辯論會中，有一位女士提問：「你們會為貧苦人做什麼？」

老布希在政壇如魚得水，卻沒有什麼社會基層經驗，所以迴避這位女士的問題。然而，當時對於當選總統沒什麼勝算的柯林頓走到女士身邊，握著她的手說：「我非常能夠理解你的感覺，因為我自己也出生於貧苦家庭。我可以理解你的痛苦……」

因為這番話，柯林頓得到大批民眾支持，最終在總統競選中獲勝。

FBI談判專家及心理學家威廉・霍頓（William Horton）曾說：「優秀的談判者最擅長做的事，就是讀懂對方的心，以相應的語言迎合對方需求，讓對方走進自己設下的世界而不自知。」

這似乎是一件不可思議的事，不過我們不能否認，談判中有兩個不同的世界，一個是現實世界，另一個則是內心世界。**唯有滿足對方需求，才能讓自己的需求得到滿足。**

搜集資料有很大的局限性，往往不是想搜集就搜集得到。這時候，我們可以藉由換位思考的方式，探究對方的興趣、愛好及利益等焦點。雖然這項準備工作不會直接影響談判過程和決策，同時隨著談判的展開，許多準備工作的材料也可能被放棄，但我們可以透過推理和分析對方的目的來提高認知，盡可能擴大準備工作帶來的效用，讓在準備階段投入的心力有所收獲，強化談判過程和決策的靈活度。

另外，站在對方角度分析自己的利益，可以摸清我們的偏好，避免過程和決策中出現偏見，使談判技巧和目標更靈活可行，而這正是走向雙贏的必要途徑。

❖ SCQA分析法的妙用

那麼，該如何分析對方需求呢？我們可以運用麥肯錫的ＳＣＱＡ分析法來深度剖析對手，為之後的談判做準備。

ＳＣＱＡ分析法是一種有層次、結構化的思考及溝通技術，可以幫助談判者挖掘對方需求，也可以直接運用到工作和談判過程中。許多人不知道ＳＣＱＡ分析法，其實是金字塔原理的一個子結構，作用不容小覷。我們可以先分解這四個字母，看看分別代表什麼意思：

Situation（情境）：從彼此熟悉的事物或情境，導入談判話題。

Complication（衝突）：上述的事物或情境中，存在哪些矛盾或衝突？

Question（問題）：針對從矛盾引發的問題向對方提出疑問，並商量該如何解決。

Answer（回答）：提出解決方案。

某公司開發一個新專案，在構思如何解說專案的環節中，主管召集所有研發人員展開討論，希望可以想出一個既生動又有吸引力的說法。

專案負責人率先提出想法：「目前，本公司與計程車行合作推出藍天計程車APP，也就是本公司的『乘車通』，這對於市民來說非常便利。我們公司展現的系統是……」

專案負責人說完，所有人愣住了。這時，主管說：「這樣的解說顯得有點抽象，不如這樣調整看看，是否會好很多？」

主管運用SCQA分析法（請見圖表1-1），將專案負責人的解說重新表達一遍：「我想大家肯定有這樣的經歷，在一個十分偏僻的地方，怎麼等就是等不到一輛計程車，好不容易來了一輛，車上卻早已坐了人，真是令人沮喪。如果當下是跟伴侶在一起，心裡更是焦急，心想遇到這樣的情況該怎麼辦？這時，您只要使用我們推出的藍天計程車APP，全台的計程車都由您來指揮……」

大家聽完主管的說明後，紛紛拍手叫好，會議廳內掌聲四起。

這就是運用SCQA架構的解說。在談判過程中，我們可以運用SCQA與對方交

圖表1-1　用SCQA分析法解說專案特色

SCQA分析法	代表意思	舉例來說
Situation（情境）	從彼此熟悉的事物或情境，導入談判話題	在一個十分偏僻的地方
Complication（衝突）	上述的事物或情境中存在哪些矛盾或衝突？	等不到計程車，即使來了也沒位子
Question（問題）	針對從矛盾引發的問題向對方提出疑問，並商量該如何解決？	下次再遇到這樣的情況該怎麼辦？
Answer（回答）	提出解決方案。	使用我們推出的APP，計程車都由您指揮

流，找到對方需求，藉此展開有利於我方的談判。

舉例來說，你可以找一個合適的機會或場合，事前先與談判者見面，用彼此熟悉的事物或場景，導入談判中可能會提及的話題，這便是「情境」。

接著，在聊天過程中引入不同的見解，或開門見山說出自己的想法，透過有所保留的敘述拋磚引玉，讓對方說出平常不會主動提起的話題，或是違背我方意願，但我方先前不知道的內容，由此產生「衝突」。

再來，向對方提出疑問，也就是雙方都關注的問題，指出談判中存在的「問題」，商量該如何解決。

最後，可以從對方那裡找到問題的「回答」。這個答案必定具有明確的意願和方向，也就是他們為了解決問題而採取的方法，以及解決問題後獲得的利益。

經由SCQA分析法，我們可以利用一般交流，深入分析對方的背景、找到衝突的核心，並且提出有力的問題，來尋找最佳解決方案。如果你想成為精明的談判者，千萬要記得多練習麥肯錫的SCQA分析法。

腦力激盪能針對議題集思廣益，挑選參與者有4重點

談判前，應該先透過腦力激盪（註：一種以團體討論來解決問題的方式。由主持者提出要解決的問題，接著鼓勵成員提出解決方法，而不加以批判，藉以刺激腦力思考，從而產生新觀點和解決方法），讓談判者集思廣益，對所有可能遇到的問題進行綜合分析和評估，避免個人思維的局限對談判造成嚴重影響。

部分管理者將參與腦力激盪，看作是激勵員工的措施，部分員工也經常將它當作假期來看待，試圖藉由它來開闊眼界。在企業內部組織的腦力激盪，時常被認為是一種榮譽。但現實中，某個環境裡的成功者未必能在另一個環境裡有同樣出色的表現。也就是說，腦力激盪雖然好，卻不是任何人都能暢所欲言，必須合理地篩選參與者，以確保他們的參與有利於談判的規劃和展開。

❖挑選成員的五個注意事項

在挑選腦力激盪團隊的成員時，要特別注意以下要點：

1 團隊規模不是大就好

組織團隊時，規模要盡量精簡。主要原因在於，當團隊需要到外地時，會涉及許多費用和問題，例如：交通、餐飲、住宿、通訊、會議中心等費用，以及護照、簽證或醫療護理等事項，金額加總起來一定不是一個小數目。如果團隊規模較大，費用可能超乎想像。因此，小規模的團隊更方便在海內外進行組織部署。

召開腦力激盪的目的在於，透過集思廣益的方式歸納出一致的態度。規模較大雖然在策略上也能達成意見一致，但當外界發生變化時，很難及時調整，而規模較小則有利於調整計畫，並及時傳播消息。再加上，規模較大的團隊容易被對手惡意拆散，而較小的隊伍則相對上較難瓦解。

參與腦力激盪的成員大都還身負其他無關談判的任務，為了避免擾亂核心工作，團隊成員應該盡量精簡。

2 專業知識和綜合能力

團隊組織者必須依賴每位成員，因為任何一位成員不會具備所有可獲得成功的才智。**組織腦力激盪的目的在於，利用一個人的優勢，彌補另一個人的劣勢**。腦力激盪要求員工具備專業的技能知識，就像拼圖一樣，只有找到適合每塊拼圖的位置，才能獲得成功。

挑選團隊成員時，應該盡可能選取博學多才的員工，除非是對結果具有決定作用的專家，否則避免技能單一且成就不突出的員工。當基於某種原因而不得不選擇這種專家參與時，應該讓他們的能力展現在更廣泛的策略中，或是與這類專家私下溝通即可，而不是將他們拉入腦力激盪的團隊。

3 良好的溝通技巧

要將千差萬別的各種專業知識，講授給善於交流的人是一件容易事，反過來則很困難。挑選成員的關鍵標準之一，就是成員能有效執行公司制定的各項策略，同時能根據不同的戰術做出最合適的反應。想順利實施策略就要掌握良好的溝通技巧，尤其是在討論談判的整體結構時。

4 專人負責後勤

談判過程中需要每天做各種決策，但不是每項決策都至關重要。在組織腦力激盪的過程中，企業的領導者可能會出現大人物才會犯的錯，例如：對列印、記錄、安排聚餐等瑣碎卻又必須做的工作缺乏安排。因此，可以在組織中安排一位基層專員來負責後勤事務。當出於某種原因不能安排有相關經驗的人員時，必須安排專人負責相應的事宜。

5 避免安排這四類人

需要注意的是，在組織腦力激盪團隊的過程中，絕對要避免以下性格的人，以免對結果造成不利影響。

①**愛抱怨的人：**即使在很好的條件下，某些人還是會發出抱怨的聲音。通常，愛抱怨的人能提出問題，卻無法找出解決方法。雖然各家企業都有這類人，但絕對要避免安排到腦力激盪團隊中。

②**固執己見的人：**在腦力激盪中，團結一致非常重要。那些自以為是、頑固的人經常會破壞團結，雖然他們可能是精明的策略人才，在策劃腦力激盪的過程中發揮功用，但無法促進執行過程，因為他們不會認同這種集思廣益的方式。

③**嬌生慣養的人：**這類人在理想的條件下大多會有出色表現，但遇到不利的情況時，很容易產生挫敗感。讓他們參與腦力激盪無疑是錯誤的決定，因為誰也不能保證在整個執行過程中，大家都保持相同意見，畢竟這樣就失去腦力激盪的意義。

④**意志力薄弱的人：**在腦力激盪中，這類人會因為無法快速適應新環境，帶給大家意料之外的負擔，不利於策略的部署和實施。所以，腦力激盪的組織者應該是意志力堅強的人。

❖強化入選人資格，安撫落選人情緒

為了避免對落選員工造成不良後果，在選取參與成員時，應該明確地將才能訂定為選拔的主要條件。將成員在文化、技術、社交、語言等方面的能力與技巧，整理成清單，發送給所有初步入選腦力激盪的成員，來顯示入選成員獲選的理由。這樣的方式也適用於默認自己會入選的高階主管。同時，為了顧及落選者的面子，可以安排他們參與其他輔助工作。

汲取專家經驗、親身實際操作，讓戰鬥力UPUP

在談判的戰場上付出龐大學費，只買到一個教訓的例子不勝枚舉。當我們能從別人的經歷中汲取失敗的經驗，在制訂談判計畫時防患於未然，便能在戰場上大顯身手、走向成功。

英國企業家勞勃・歐文（Robert Owen）曾說：「一切的真知灼見都來自於實踐經驗。」學會借鑑別人的成功經驗，有助於順利制訂談判計畫與展開談判。

歷史上，不乏借鑑他人經驗而獲致成功的例子。美國前總統富蘭克林・羅斯福曾在經濟大蕭條中，借用計畫經濟等手段，調節控管國家整體經濟，使美國成功度過經濟危機。

❖汲取專家或前輩的經驗

在談判上，也有許多借鑑他人經驗獲得成功的例子。國外有一些值得提倡的做法，舉例來說，藉由舉辦各種培訓班，對業務的知識、技能和案例進行研究與分析。

對談判成員進行入門培訓時，除了參照成員的素質與能力，安排訓練課程之外，還會採取各類培訓，例如：國內外企業的基本技巧與做法，或是商業談判相關法規。

這類談判培訓的目的在於，讓初學者學習基礎知識，並結合專業知識，這可以讓成員以老手的資格進入各種談判，並迅速融入角色。

日本人擅長累積經驗，舉例來說，東芝集團對他們的談判成員進行長達三年的培訓。第一年的培訓大多集中在國內，為了讓成員熟悉工作的每個環節，通常會安排他們到各個部門工作。第二年則會安排在國外，讓他們在處理日常業務的同時進行研習。到了第三年，他們會調回國內進行研究和總結。就這樣，在三年的時間內，培養出多功能的談判者。

在美國，每年僅用於挑選談判成員的花費，就高達數百萬美元，而他們的培訓花費則達到數十億美元。世界許多國家和地區都已設置商務談判中心和培訓基地，專門傳授經驗。

若你所在的企業沒有專門的培訓課程，那麼可以請教有正式談判經驗的同事、前輩或上司，閱讀一些與談判有關的書籍，尤其是附有豐富實戰案例的書。借鑑過來人的寶貴經驗，你一定可以迅速成長。

❖經驗也需要經過實戰的檢驗

如果你是缺乏實踐經驗且急於成功的談判者，就要多汲取專家的經驗，但是只學習經驗，往往會使自己的能力局限在一張紙上，因為沒有親口談、親耳聽，始終是一個沒什麼發言權的門外漢。將學到的各類知識靈活運用到談判中，才是累積經驗的主要管道，每位談判高手都是從實戰開始的，也都歷經坎坷和挫折，因為一帆風順不可能造就談判桌上靈活自如的老手。

在實戰的過程中，累積的各種知識可以打下良好基礎，這也是使談判走向成功的條件。對談判者來說，每一次實戰都是鍛鍊和檢驗自己、累積自身經驗的絕佳機會。

談判專家不可能不犯錯，他們的經驗也不是放諸四海皆準，所以談判新手必須擺脫束縛、參與實戰，檢驗這些經驗的實用性和正確性。能夠從別人和自己的經驗或教訓中，得到對自身有用的東西，進而不斷完善自我的談判者，才能坐在談判桌前揮灑自如。

跨國交涉不用怕！了解對方的風格習慣會更順暢

談判的風格和特點因人而異，不同國家的差異會更大。隨著經濟全球化發展，世界各地的貿易往來日益頻繁，我們需要了解各國的風俗習慣、性格特點、文化歷史及各種禁忌，進而分析他們的談判風格，擬訂相應的策略。

當我們熟悉談判對手的風格時，就能透過言行舉止博取好感，形成融洽的氛圍，更有利於制定策略，掌握談判主導權。

特定的文化基礎決定人們的思維習慣、心理需求及語言等方面，在談判過程中，一定要多加留意。例如：東方國家先禮後兵、先褒後貶的原則，遇上西方國家重視平等、個人英雄主義等觀念時，常常會因理念不同而產生衝突。

東方人抱持謙虛、謙遜的原則，在西方人看來是不自信、虛偽的體現。東方人強調團隊意識，在西方人看來是個人能力低下、不敢負責任的表現。東方人關注談判是否順利或雙方關係如何，而忽略談判進度的做法，被西方人認為是浪費時間。

從這個角度來看，在不同文化下生長的人具有不同的評價準則、觀念及談判方式，所以談判前必須先了解對方，而換位思考正是增進彼此相互了解與求同存異的方法（換位思考的詳細解說請見163頁）。

唯有熟悉對方的生活環境、談判習慣和民族性格，將自己放在對方的角度思考，才有助於制定策略、實現目標。**了解不同國家和地區的人，就可以採取不同的談判方式來贏得勝利**。舉例來說，與西方人談判時，應該考慮對方的時間觀念，盡早切入主題，不應將過多時間花在寒暄上；與非洲人談判時，則要耐心對待他們容易遲到的行為，因為他們比較不重視時間。

下面將針對不同國家的人，具體說明談判時的注意事項。

❖與東方人進行談判

注重人際關係的東方人，講究「交易不成仁義在」的美德。與他們談判時，首要考慮的是如何確立良好的人際關係，這種人際關係會微妙地引導整個談判過程。

在傳統的東方文化中，說到與人交涉，首先要明確雙方的關係，再來才是各種條件是否合理，因為他們經常將法律層面放在最後。同時，東方人相當重視彼此的私人關係，不會因為私人關係迫使對方達成協議，或是不滿意對方的條件而斷交。對他們來說，簽訂協議只是雙方合作的另一個開始，並不是交易的結束。若你不能認同這一點，就難以取得成功。

東方人彼此見面時，通常會先點頭示意才握手。多數不明底細的外國人，往往會在和東方人剛見面時就伸出手，於是可能會因為對方沒有伸手而令雙方尷尬。

東方人具有強烈的集體觀念，在考慮問題時，習慣將集體利益放在個人利益前面。東方人受儒家思想的影響，深知家庭和社會的重要，他們喜歡在做出決定前，廣泛徵求集體意見。正是這種集體利益至上的觀念，形成東方人特殊的人際關係。

同時，東方人比較注重面子，經常怕丟失自己或對方的面子，於是在商務談判中，拒絕就單一觀點表達個人看法。此外，精明的東方人熱衷於「價格拉鋸戰」，當你與他們討價還價時，一定要保持足夠的耐心。

語境高超、森嚴的日本人受傳統文化的影響，很少說「不」，所以在與日本人談判時一定要注意，他們在你表述觀點後說出的「是」，僅僅是表達正在傾聽你說話，並不一定是認同你的想法或請求。如果對含糊不清的條件做出誤判，必然會不利於之後的談判，所以和日本人談判時，必須搞清楚對方要表達的真正意思。

❖ 與西方人進行談判

西方人的經濟發達、生活節奏較快，他們喜歡社交且注重秩序，無論何時何地多半都身穿正式服裝。為了表示尊重，在和他們交流時，一定要注意談吐和衣著，盡量以令人賞心悅目的形象出現。

西方人很在意隱私，這一點和東方人透過聊天來維持關係不同，在與西方人交流的過程中，如果和他們談論私事或政治問題，很可能會被對方視為冒犯。此外，西方人認為十三是令人懊惱的數字，星期五是帶來厄運的日期。當你在談判中不懂得避諱時，可能會在對方面前出洋相，甚至引起對方不悅，導致談判破裂。

以下將西方人大致分成四個國家，分別探討他們在意的地方：

1 美國人重視合約

理性的美國人很在乎有憑有據的合約，在談判時不會過於寒暄，不善於拐彎抹角，往往會以一針見血的方式直奔主題。一般來說，出席談判的美國人只會有一位，而非整個團隊。

重視短期效益的美國人希望可以快速看到結果，因此談判時通常只注重事情的結果，忽略人與人之間的聯繫，他們甚至不會在談判之外與你建立關係。

活躍的美國人不喜歡沉默的氣氛，當雙方保持沉默時，首先打破僵局的人很可能是美國人。當他們收到你的禮物時，受責任感驅使，通常會和你保持友好關係，所以談判前不妨利用這一點，讓對方感受到你的重視。

2 英國人注重禮儀和節奏

受歷史和傳統影響，重視出身的英國人喜歡被稱為英格蘭人，而非英國人。憑藉日曆生活的英國人，對時間的把握和要求達到近乎苛刻的程度，所以與他們談判時，必須準時出現並把握時間。

英國人注重個人隱私，不會在談判中涉及與公司無關的私人問題。他們多半生性拘謹、習慣慢節奏，即使講話也慢條斯理，不會輕易被對方欺騙。

3 法國人具有強烈原則

法國人具有很強的語言表達能力，很少在談判時用英語對談。在與邏輯思考能力很強的法國人談判時，需要充分準備所有東西，因為在他們看來，口齒伶俐非常值得自豪。

性格溫和的法國人大多很友善，不容易與人爭吵或爭執。法國人可以明確區分工作和用餐，無論是喝咖啡還是吃飯時，都不得談論工作，而且他們的時間觀念甚至超越英國人，認為遲到是一種侮辱對方的表現。此外，相對於談判結果，法國人更相信自己的原則。

4 德國人重視頭銜

德國人和美國人同樣重視合約，不過他們較不重視雙方的關係和簽訂合約的環境，注意力主要集中在談判內容上。每個德國人都是制訂合約的高手，不允許已確定的合約有任何變動。

在和德國人握手時一定要有力，他們特別重視這一點。注重禮貌的德國人絕不會在公共場合說笑話，而且在談判過程中，若將手插在口袋裡，會被他們視為態度隨便。此外，德國人也十分重視自己和談判對手的頭銜。

❖ 與非洲人進行談判

受地理環境和風俗習慣的影響，多數非洲人認為富人幫助窮人是理所當然的事。在談判的過程中，時間觀念較差的非洲人經常會遲到，而且偶爾會離題。

雖然非洲人具有強烈的權利意識，但因為法律不健全及相關知識匱乏，他們在談判上常常處於不利的地位。在與非洲人談判時，為了避免日後有麻煩，應該謹慎注意細節，絕對不可以草率行事。

怎麼設定期望目標，才能避免僵局又提升成果？

在學習和工作時，我們通常會認為，建立較高的目標能促使取得較好的成績。那麼，談判也是這樣嗎？

曾有兩位教授做過這樣一個實驗：將一塊板子架設在談判雙方之間，讓他們既看不到對方的表情，也聽不到對方的聲音。他們在桌子下方，向對方發送自己的要價和出價。

教授給予雙方相同的指示，但給其中一個人的期望價格是七十五元，給另一個人的期望價格則是二十五元。實驗沒有偏袒任何一方，即雙方擁有均等的機會，他們都可以藉由討價還價，獲得五十元。但是，無論實驗幾次，期望得到七十五元的人得到的價格都接近七十五元，而期望得到二十五元的人，則得到相當接近二十五元的價格。

在這個實驗中，具有較高期望值的人得到較好的結果，而具有較低期望值的人則滿足於較差的結果。

因此，在談判過程中，一般來說，目標制訂較高且致力於其中的人，可以比熱衷於低價成交的人獲得更好結果。但需要注意的是，**當人們制訂的期望值較高時，也意味著談判陷入僵局的可能性較大**。達成交易需要具備良好的判斷，雖然高期望具有一定的風險，但我們應該為了獲利而努力。

我們可以運用目標制訂和修正的方法，根據不斷制定目標而得到的回饋，來修正自己的談判目標。

在生活中，願望、冒險和成功並存。我們選定目標後，就會像賭徒一樣，經由認真權衡，獲得各種獎賞或代價。當我們不能明確計算時，往往會以之前的成敗情況作為推斷的依據，進而修訂出更適切的目標。

不過，在談判中，願望伴隨著成功次數的多寡而浮動。願望是我們以自己的能力為原則，與別人進行談判的標準。制定目標就像放在賭博輪盤中的鈔票，和我們願意承擔的風險具有一致性。真實的談判是由買賣雙方各自制訂目標，透過互相回饋，經歷讓步、威脅、拖延等，來影響雙方的期望，於是成交價格伴隨著每個字眼和進展，而不斷浮動與調整。

我們的生活中處處充滿交涉和談判，結果既有成功也有失敗，不可能總是一帆風順，所以不必因為失敗而感到失落。在激烈的談判過程中，遭受人身攻擊的情況也很常見，我們應該如同專業律師一樣，盡早遺忘過去的挫折或令人討厭的事，調整好自己的情緒節奏，以積極的態度面對未來。

制定談判計畫，必須遵循這些基本原則與要點

制訂周密且詳細的計畫有助於談判成功。一份縝密的談判計畫，能確保每個成員各負其責、協調彼此的工作，促使談判有步驟地進行，這是保障成功的基礎。

因此，制訂談判計畫時，應該具體考量以下三個要求：

①**簡明扼要**：為了方便掌握和實行，計畫要簡明扼要，以增加確實執行的可能。

②**具體**、**嚴謹**：為了避免理解分歧，計畫要具體且嚴謹，以免造成意外損失。

③**靈活**：為了根據實際情況處理各種問題，計畫必須靈活有彈性，以獲得最理想的結果。

❖談判地點與時間的選擇

談判計畫應該包含談判的地點與時間，詳細說明如下：

1 地點

不同的談判地點往往會對結果造成不同影響。談判地點共分為三種：我方所在地、對方所在地，以及第三方所在地。

①**我方所在地**：在自己的地盤上談判是每個談判者的願望，就像在主場舉行足球比賽一樣，成績通常會好過在客場比賽。熟悉的環境會讓談判者有安全感，更從容地應對各種問題，如果以客人的身分出現在對方所在地，無疑會有所顧忌而不過分爭執。在我方所在地談判時，可以隨時調動相關人員參與，具有地利上的優勢，還可以根據實際情況，執行更有利的計畫和進程。

②**對方所在地**：在對方的地盤上舉行談判，雖然會有劣勢，但也具有優勢。首

先，沒有身為地主的心理負擔，即使無法取得滿意的結果，也可以隨時終止。再者，還可以不受外界環境的干擾，全身心地投入談判中。

③**第三方所在地：**當談判雙方實力相當，或是彼此間存在敵意時，大多會選擇在中立的第三方所在地進行談判。這時候雙方都沒有明顯的優劣勢，可以心平氣和地討論問題，有利於消除彼此的誤解。

關於談判地點的具體安排和靈活運用，將在後面的第三章詳細闡述。

2 時間

選擇時間也是談判策略的一環，科學地安排時間能促進談判走向成功。

每個人都有各自的生理週期和生活習慣，在正常的生理週期中工作，可以做出冷靜且客觀的處理或判斷。所以，選擇談判時間是以談判者的適應度為依據，應該盡量避免缺乏時間進行充分的準備。

❖制訂可臨機應變的計畫

談判是由諸多的不確定因素共同組成，在過程中，由於某種原因使雙方改變原訂計畫，是很正常的現象，這時只須及時調整。所以，談判前要考慮這種情況，並制訂預備方案。在談判過程中，每位成員都要保持平和的心態，才能冷靜處理遇到的困難和變化。

在談判計畫中，**首先要確定談判目的，即雙方為什麼要談判**。促使談判的因素對雙方來說可能各不相同，這時了解對手的出發點和利益顯得格外重要，因此先確定對手的談判目的也是在調查其底牌。

而且，談判計畫要詳細列舉並分析需要解決的問題，例如：雙方談判成功的條件、意見達成一致的可能性。另外，在計畫中預設談判進度，可以確認程序和時間，而在實際談判過程中，則要根據需求做調整。

本章重點整理

- 在長期談判前，應該搜集大量的客觀證據和資料，如果談判者能在搜集資料上下功夫，會更具說服力。
- 唯有對各種可能因素做出假設與推理，才能得出有效推動談判進行的方案，這是談判成功與否的關鍵。
- 挖掘對方需求可幫助我們判斷，準備工作是否既充實又有效，而不是有所欠缺或過分周到。
- 透過SCQA分析法挖掘對方需求，能深入分析對方的背景、找到核心衝突，並提出有力的問題來尋找解決方案。
- 腦力激盪的團隊規模要盡量精簡，才能節省經費，避免擾亂核心工作。
- 挑選腦力激盪的成員時，要選擇博學多才的員工，除非是對結果具有決定作用的專家，否則應避免技能單一且成就不突出的員工。
- 若你缺乏談判的實戰經驗且急於成功，就要多汲取專家或前輩的經驗，並實際活用到談判中，才能從中獲得豐富經驗。

- 文化決定人們的思維習慣、心理需求及語言等，因此在談判過程中要多加留意。
- 目標制訂越高，陷入僵局的可能性就越大。
- 在我方所在地舉行談判，可以隨時調動相關人員參與，有地利上的優勢，還可以根據實際情況，執行更有利的計畫和進程。
- 在對方所在地談判時，即使無法取得滿意的結果，也可以隨時終止，過程中可以不受外界環境的干擾，全身心投入其中。
- 雙方實力相當或是彼此間存在敵意時，大多會選擇在中立的第三方所在地進行談判。
- 選擇談判時間要以談判者的適應度為依據，畢竟每個人的生理節奏各不相同。
- 在談判計畫中，要先明確目的，即雙方為什麼要談判，再列舉並分析需要解決的問題。

談判就像一場約會，見面時的交流很重要。若能做到100%傾聽與說服，便能發掘其中暗藏的玄機，創造更有利的機會。

本章將介紹談判的溝通技巧，只要懂得活用，將對過程和結果產生好的影響。

第 2 章

見面時，如何做到100%「傾聽與說服」？

發掘彼此不謀而合的動機，讓對方願意聽你說

「知己知彼，百戰百勝」是一種兵法，更是一種謀略。談判猶如一場沒有硝煙的戰爭，有輸家也有贏家，當然也會有相互合作的雙贏局面。**談判的理想結果是互利，這代表雙方有著不謀而合的談判動機，最終出現雙贏的局面**。

「謀求一致、皆大歡喜、以戰取勝」，是英國談判專家比爾·史考特一貫堅持的談判三方針。這個方針需要雙方擁有不謀而合的談判動機，讓談判達到雙方最滿意的結果。

任何談判都可能潛在共同利益，或許能一眼看穿，或許需要提前以交流的方式挖掘。談判前，雙方會有相同的疑問，例如：我們之間存在著什麼樣的共同利益？談判失敗會對雙方造成什麼樣的結果？在這樣的情況下，就可以釐清不謀而合的談判動

機。

❖ 先抓住彼此的動機

三國時期，吳國和蜀國聯手大敗曹魏，就是著名的赤壁之戰。劉備過世後，兩國的關係不如從前。於是，諸葛亮派鄧芝出使吳國，打算恢復兩國之間的關係。

鄧芝出使吳國時，雙方還處於交戰狀態，使談判增加難度。鄧芝站在吳國的大殿前，面對滾燙的油鍋和殺氣騰騰的士兵，卻泰然處之，依然從容地進入。然而，他卻不拜孫權，孫權憤怒地問他：「為什麼不拜？」

鄧芝回答：「我來自上國，不拜小國的君主。」

孫權頓時勃然大怒：「你休想用遊說來破壞東吳和魏國的聯盟，否則馬上將你下油鍋。」

鄧芝反擊：「我一介布衣，怎麼有能力讓你們捨棄魏國，投向蜀國呢？**我只是為吳國的利益而來**，你們卻擺出這樣的陣仗，真是小人之心。」

孫權聽到他是為吳國的利益而來，便讓武士退下，賜座給鄧芝。此時，鄧芝已經化被動為主動，把握與對方一致的談判動機。

鄧芝詳細地分析天下的形勢：「蜀國依傍著險峻的山川，吳國比鄰堅固的三江，如果吳、蜀兩國聯盟，猶如牙齒與嘴唇的關係，進一步來說，可以稱霸天下，退一步而言，則可以呈現鼎足而立的局面。如果吳國稱臣於魏國，魏王肯定會讓您做太子的內侍。如果大王不服從，他們就會攻打吳國。如果您覺得我這番愚蠢的言論不足為信，我願意死在大殿上。」

鄧芝說完後，作勢要跳進油鍋。孫權趕緊上前攔阻，最後還讓鄧芝幫忙吳國與蜀國建立同盟。

❖ 使雙方動機不謀而合

其實，鄧芝能在如此惡劣的環境中，冒著生命危險談判成功，最關鍵的是他抓住雙方的動機——兩國的存亡大計。我們也應該挖掘談判中的潛在動機，所以談判前的溝通與交流必不可少，不僅可以讓對方提前了解我方的意圖，還可以讓我們探聽出對方的立場。

了解對方

在談判前期，只有清楚地洞悉對方各方面的狀況，才能順利打探他們的需求。對方的實力、需求、誠意及主談者的狀況，都需要藉由我們互相聯繫、溝通才能有所了解。如此一來，才能掌握他們的動機，在談判中取得主導權。

使對方了解自己

雙方的溝通與交流，無意中會表現出自己的立場與態度。透過有誠意的溝通，對方才會對我們的談判動機略有了解。如果對方與我們的動機不謀而合，且都能取得相對應的利益，那麼雙贏的談判何嘗不是一件美事呢？

誘發談判動機的方法

談判前，打電話、寫郵件或登門拜訪，是最適合聯繫對方的方法，以下將介紹這三種方法的特色：

①**電話**：打電話是最直接且方便的聯繫方式，可以直接開門見山、言簡意賅說出自己的意圖。

②**郵件**：郵件最能打動人心，將事情講清楚。你可以用有邏輯、有故事的溝通方式，將自己的態度與目的告知對方。

③**登門拜訪**：這是成效最好且最有誠意的方式。登門拜訪是一種禮貌，面對面說出談判動機，能讓對方感受到我們的立場與氣勢。

在本章的第098頁到第112頁中，我們將針對這三種方式進行詳細闡述。其實在談判中，不謀而合的談判動機並不多，因此我們一定要重視溝通與聯繫，才能爭取雙贏的局面。

盲目與白目會引發反感，增加協商的困難度

「不打沒有準備的仗」這句話，非常適用於談判，那些沒準備好就匆匆上談判桌的人，最終都會慘敗而歸，甚至不知道失敗的原因。俗話說：「工欲善其事，必先利其器」，拿著準備好的武器上陣，才能大獲全勝。如果沒有做好任何準備就貿然出擊，談判的過程一定會更加艱難，甚至出現還沒開始就已結束的慘況。

❖ 談談對方興趣，讓他敞開心房

迪巴諾是紐約一家知名麵包公司的老闆，該公司的產品被許多飯店引進，但附近有家大型飯店從不訂購該公司的麵包。迪巴諾幾乎每週都去拜訪這家飯店的經理，甚

至以客人的身分入住該店，進行一次又一次的推銷談判，但無論運用什麼方法，經理都無動於衷、毫無合作之意，這種局面長達四年。

迪巴諾深刻反思自己的做事方法，**決定改變之前的談判技巧，著手對飯店經理的興趣愛好進行調查，不再盲目拜訪，而是提前做好充足的準備**。經過調查，迪巴諾得知飯店經理熱衷於協會事業，甚至是美國飯店協會的會長。他再次拜訪飯店經理，這次的交流話題以飯店協會為主，並圍繞協會的創立、發展等相關事宜。

這次的談話很順利，飯店經理不再把迪巴諾當作不速之客，而是當成有著共同興趣的朋友。幾天後，飯店採購部門打電話給他，請他立刻提供麵包的樣品和價格表。

在長達四年的時間裡，迪巴諾無論多麼努力談判都沒有成功。在他改變策略後，事情就發生一百八十度的轉變。可見得，在談判中做好準備非常重要。

❖ 從成員與喜好切入，提出議題

談判是由五個重要的部分組成，包含：以誰為決定者的「權力結構」、以什麼為主題的「議題結構」、以什麼成員組成的「團隊結構」、雙方以什麼立場的「陣營結構」，以及含有哪些決定因素的「實質結構」。

在談判前，我們要清楚了解**對方的成員有誰，以及其興趣愛好、在什麼場合適合提出談判話題、如何不讓對方產生厭惡感**等情況。以下提供一個例子：

小吳任職某家私人企業，有自己的品牌與商品。最近，他們公司打算借助聞名於電商界的W公司，以其為平台進行線上銷售。由於雙方的公司規模差距較大，使即將舉行的談判增加不少難度。公司委派小吳代表公司，向W公司提出談判事宜。為了讓對方接納自家公司的意圖，小吳做了充足的準備，滿懷信心地拜訪對方公司承辦人李經理。

按照預約，小吳來到李經理的辦公室。不巧的是，W公司的員工在搜集資料上犯下致命錯誤，導致W公司在談判中損失慘重。李經理因此被董事會找去約談，而他為此大發雷霆。即使如此，李經理依舊接見小吳。當然，此時小吳沒有提出談判事宜，只是介紹自己的公司，然後從其他方面安慰李經理。最終，小吳在李經理心中留下很好的印象。

在這次的交談中，小吳做得很好。如果在這樣的狀況下，他依然提出談判事宜，絕對無法取得好結果，甚至錯失往後的談判機會。

所以，我們要在合適的場合提出談判事宜，不要在吃飯、休息時間打擾對方，以免讓對方厭煩。在非正式的場合中，最好不要提出談判事宜，這樣既掃興又會讓形象大打折扣。另外，在了解對方是誰之前，不要貿然在有他人的場合下提出談判事宜，以免洩露商業機密。

「人脈＝機會＝勝算」是交涉的黃金定律

談判者在接到任務後，會根據談判目的連絡交易夥伴（未來談判對手），這就是探詢。探詢指的是要談判的一方，以個人或所屬單位的名義，向未來可能進行交易的夥伴尋找合作意向。探詢根據連絡方式，分為直接探詢和間接探詢兩種。直接探詢可以在老朋友之間進行，也可以在新朋友之間進行，是較為普遍的方法。

在直接探詢的過程中，進程往往不會如設想中那樣順利，可能無法找到對方的連絡方式，也可能只停留在與基層人員無關痛癢的接觸上。如果遇到這種狀況，就要使出間接探詢的手段，便能看出人脈的重要性。

❖六度人脈理論

所有人都可以經由六層以內的熟人鏈和任何人聯繫，這就是著名的「六度人脈理論」。根據這個理論，你和一個陌生人的間隔不會超過六個人，所以在你願意的前提下，可以透過六個人來認識任何一個陌生人。藉由這樣的人脈理論，我們可以找到一個談判目標及既定談判者，於是談判成功的概率會大幅增加。

有時候，我們會覺得，建立人脈就要做不喜歡的事，或接觸討厭的人群，猶如在一個聚會中找陌生人攀談，卻沒有獲得任何好處。其實，這種想法大錯特錯。人脈是一個價值與利益的集合，它涵蓋一群與你有相同價值或追求共同利益的人。

無論是精神層面還是物質層面，人脈都發揮著重要作用，是我們抓住任何勝算或機會的敲門磚。一個人能否成功，不在於你知道什麼，而在於認識誰。由此可見，**除了能力與知識，人脈對取得成功與獲得機會有很大的作用**。

凱瑟思琳是加州一所小學的校長，在公共教育領域的變革潮中，做得遊刃有餘，每次都取得不凡的成就。有次，一位朋友向她請教，才發現建立人脈關係是她成功的關鍵。

凱瑟思琳說：「我會定期邀請本區各校校長參加晚餐會議，我們討論各自的點子與建議，做到資源共享。我也很看重家長會，因為家長來自不同的行業，可以對我不熟悉的領域提供指引，例如：我可以諮詢任職於金融界的家長，關於學校備用金的存放問題。另外，我還成立支持小組，定期與員警、圖書館員和秘書開會處理問題。此外，我還和不同年級的老師建立互相學習的網站，每個人都可以提供自己的人脈資源。長久下來，我的人脈不斷擴大，事業成功的機會也大幅增加。」

❖間接探詢絕不是可有可無

在談判中，人脈等於機會，有了機會，談判的勝算才會更大。我們不能盲目認為，自己有各方面的才能，具備豐富的知識和經驗，在談判中會攻無不克、戰無不勝。如果有這樣的想法，絕不可能贏得任何談判。

有了人脈，我們可以在第三方的幫助下，探詢未來可能合作的夥伴意向。同時利用各種管道接觸、認識並了解對方的談判成員，為即將到來的談判做好準備，抓住任何一個獲勝的機會。由此可知，間接探詢是一種創造談判機會和搜集資訊的好方法，絕對不可以忽視它的重要性。

❖建立相互扶助的人脈圈

「人脈＝機會＝勝算」是工作中的黃金定律。當然，我們不能為了需要，刻意建立人脈關係。我們的人脈裡必須有值得信賴的人，不能僅僅在意他們是否能在談判中帶來好處，而要在生活與工作中保持相互扶持的關係。

朗・霍華（Ron Howard）和布萊恩・葛瑟（Brian Grazer）兩人，雖然都是好萊塢頂級的製片人和導演，但他們在合作之前沒有任何交集，兩人後來的相識相知可稱為傳奇。

關於兩人之間的合作關係，霍華給出一個有深度的總結：「電影是一個瘋狂的行業，在這個行業裡竟然能遇到睿智的人，於是你便在乎他的一切，包括才能、人品等，然而最無價的是，你們還有共同的興趣和努力。」這才是合作的精髓。朗・霍華和布萊恩・葛瑟的關係充分證明，信任在人脈中是極有價值的無形財富，讓他們兩人有更多的合作機會，創造輝煌的成就。因此，不用將人脈想得太過複雜、沒有信任可言。

正如《紐約時報》專欄作家大衛・布魯克斯（David Brooks）所寫：「信任是一種習慣性的相互關係，慢慢變成一種感情。兩個人發現可以依靠彼此，這種情感就會不斷發展。很快地，互相信任的成員不僅會願意與對方合作，還會願意為對方犧牲。」如此有深度的人脈，將會是一座巨大寶藏。

人脈如同一棵幼苗，長久放著不管就會枯死，最後被大家遺忘。所以，平時要好好維護自己的人脈，當你需要幫助時，才會有人願意跳出來幫你，進而出現更多機會。

把握電話商談5原則，讓你的好感度快速爆表

電話商談在談判中不可或缺，有時會帶來意想不到的效果。無論是商談還是單純的交流，都要彰顯自己的誠意與氣勢，既不能顯得以對方為主，也不能只為了試探或炫耀而打電話給對方。

談判的目的是爭取各自利益或讓雙方達成合作，不論是否成功，都要讓對方感受到我方的誠意與氣勢。所以，使用電話商談時，要牢記以下原則與禮儀。

❖電話商談的五個原則

俗話說：「無規矩不成方圓。」用電話與談判對手商談也有一定的原則，否則只

是一通普通且毫無意義的通話，以下是電話商談的五個原則：

①對方致電時，先傾聽再回答：如果有無法一時釐清的事情，就要先道歉才能掛掉電話，然後尋求解決方法，最後再回撥給對方。

②撥電話前，知道此次交流的目的：可以先在一張紙上，列出想要討論的事，以免有所遺漏。

③通話中，要隨時做記錄：這麼做可以避免掛掉電話後，遺忘某些重要事項。

④對方說完後，再複誦一遍：等對方說完重要事項後，用自己的話複誦一次，以免產生誤解。

⑤找合適的理由結束通話：如果雙方交流不愉快，或是已經沒有繼續通話的必要，就要找一個合適的理由中斷交流，絕對不能表現出不耐煩或憤怒的情緒。

對於做好充分準備的人來說，用電話進行交流有很多好處。一方面，可以先了解對方的態度與意向。另一方面，即使最終沒有圓滿的結果，對方也會感受到我們的誠意與態度，如此一來便能為下次的談判鋪路。

❖電話交流時的禮儀

電話交流蘊含著深不可知的學問，也是我們最應該知道的基本禮儀。

態度熱情

交流時，保持態度熱情、說話有誠意，便會在對方心中留下好印象。早在幾年前，美國電話公司的接線員都換成女性，因為女性較柔和的聲音可以讓對方更有耐心聽下去。當然，不可能把所有電話交流的工作都交給女性，也不是只有女性才有柔和的聲音，但是不管如何，交流時都要保持愉悅的心情，用清晰、有邏輯的話語交流是大原則。切記，不要為了給對方留下深刻的印象，刻意裝腔作勢。

誠實待客

誠實是談生意中最關鍵的基礎。如果你毫無誠意、弄虛作假，即使企業再強大，對方也不會與你合作。做人忠厚、待人真誠才能獲得別人的信賴與尊重。

談生意時，一定要實事求是，否則會帶來損失甚至災難。面對不確定的問題，一定要明確後再答覆，不能逞一時之快，隨便給對方答案。另外，電話交談要有強烈的時間觀念，將每分每秒視為利益，同時還要做好記錄，避免因為聽不清對方的話語而造成誤解。當然，不管對方的意圖是什麼，我們一定要保持謙虛恭敬的態度。

不離題

透過電話進行交流是工作中必定會遇到的事，雙方追求共同的利益，才會在一次次的談判中達成合作意向。特別是我們主動與對方進行電話交流前，一定要先將內容整理好，包括明確交談的內容、想達到的預期效果。我們可以先用問候的方式開頭，再逐漸引到主題上，切記不要離題甚至忘記打電話的初衷。

主動聯絡

想要贏得談判、拿下生意，必須學會主動出擊。登門拜訪也好，電話交流也罷，都要學會主動出擊，不能被動等待對方聯繫，否則會錯失很多機會。電話交流有時是一種非常方便的商談方式，讓我們可以主動與對方聯絡，誠懇地傳達自己或公司的想法和意圖。

在談判中，電話交流有著至關重要的功用，其中包含很多不可忽視的禮儀，而誠意和氣勢則是必須重視的要素。我們只要把握以上這些原則，就能快速提升好感度，在對方心中留下好印象。

透過郵件交涉時，用麥肯錫邏輯寫作技巧提升說服力

向老闆要求加薪或休假、在菜市場討價還價，都可說是談判。前者可以透過郵件申請，說服主管批准達到最終目標。可見得，在談判中，郵件也是不可或缺的方法。

那麼，我們該如何讓對方被郵件吸引，留下深刻的印象？答案就是運用麥肯錫的寫作法，讓郵件富有清晰的邏輯和條理，以及吸引人的故事。

❖ 如何讓你的郵件有邏輯與說服力？

1 主張要明確、有論據支持

為了讓郵件有說服力，我們提出的主張必須具體且明確，還要有論據支持。**無論**

提出什麼主張，都需要一系列的論據來支持，論據可以是精確的資料或是經典的事例。總之，論據一定要充足且正確，並且能合理地證明主張。

2 善用邏輯金字塔

主張需要論據來證明，一個訊息必須有子訊息的支撐，當然兩者之間還要有邏輯關係。子訊息結合子邏輯會產生若干關鍵資訊，而主訊息則需要關鍵資訊與邏輯緊密相通才能獲取。訊息、子訊息、邏輯、子邏輯、關鍵資訊之間的不同階層鏈，就構成金字塔。

構建邏輯金字塔有以下兩種方式，請見圖表2-1：

①**自上而下**：透過提出假說，不斷問自己：「Why so?」（為什麼會這樣？），找到支撐主張需要的論據。

②**自下而上**：透過搜集大量訊息，不斷問自己：「So what?（那又怎麼樣？）」，再逐級提煉得出主張。

❖如何讓人聽懂你想表達的意思？

有了深具邏輯的主張和論據後，接下來要在郵件中體現清晰的表達，讓整封郵件更清楚地呈現我們想表達的意思。只要做到以下三點，就能提升表達的清晰度：

①**明確主語和謂語：**不管是一句話還是整封郵件，都要明確表達主語和謂語，否則不僅無法清晰地傳達訊息，還會使聽眾或讀者滿腦子問號。

②**正確使用連接詞：**使用正確的連接詞，讓句子的邏輯與表達更加明確。

③**使用通俗易懂的辭彙：**談判中最常使

圖表2-1　善用邏輯金字塔，讓資訊有主張與論據

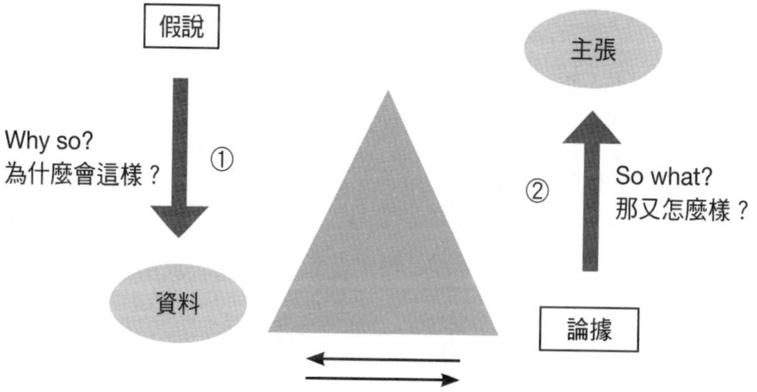

用口頭表達，因此在寫郵件時也要通俗易懂，不使用生澀、抽象的詞彙，就能避免產生不必要的誤解。

❖合理的要求更容易被接受

談判前使用郵件是交流的重要途徑之一，郵件中的要求一定要合理，千萬不能好高騖遠、不切實際。以下提供兩個幫助你提出合理要求的方法：

①**設定高一點的標準：**設定稍微高一點的標準，可以讓對方看到我們的意圖與氣勢，另一方面也可以替雙方留有讓步的餘地。

②**要有遠見：**談判不會一蹴而得，需要投入相應的人力、物力與財力。或許這些會石沉大海，但我們不能目光短淺，要有長遠的打算，才能讓對方看見我們的決心與努力。

❖用故事提升你的說服力

寫郵件除了要有邏輯還要有故事性，把郵件寫得像在說故事，能讓郵件更具說服力。想讓郵件有故事性，最重要的是表達順序。

由上而下是閱讀一封郵件的正確方式，也就是說，要將主要資訊呈現在最頂端。這麼做可以在一開始就抓住讀者的眼球，讓他們有興趣繼續看完下面的故事。無論故事的好壞，至少對方在一開始，就已經明白我們想要傳遞的意圖。

怎麼表達誠意與尊重？登門拜訪最直接有效

誠意最能打動人心，尊重則是成功的敲門磚。那麼，登門拜訪就是表示誠意與尊重的方法。

春秋時代，魯國發生政治事變，魯昭公被驅逐出境，來到齊國避難，齊景公很周到地為他打理一切。孔子也和弟子跟隨魯昭公來到齊國。齊景公曾帶著晏嬰到魯國進行國事訪問，當時就特地拜訪人在魯國的知名學問家孔子。

孔子在到達齊國並休息幾天後，為了自薦治國方略，直接拜訪齊景公。齊景公接見孔子，聽完他的治國之道便問：「你來找我之前，拜訪過晏嬰了嗎？他是我們齊國的棟梁之臣，更是我的心腹。」孔子回答：「我沒有去拜訪晏嬰。我聽說晏嬰表面功夫做得很好，卻心懷叵測。」

然而，齊景公把這番話告訴晏嬰，晏嬰聽完後非常生氣地說：「孔丘只是一介到處騙吃騙喝的布衣，用那些頑固不化的繁文末節怎麼治理國家？」齊景公相信晏嬰說的話，不再主動召見孔子。

孔子在住處遲遲等不到被重用的消息，因此再次拜訪齊景公。齊景公感嘆：「我們齊國比不上魯國，用不到你的治國之道，你還是回去吧。」此時，孔子意識到事情的嚴重性，趕緊回到住處召集所有弟子商議對策。商議後的結果是，孔子先讓弟子宰我去晏嬰家道歉，再親自上門道歉。

經過一番努力後，仍然無法改變孔子被驅逐出境的結局。孔子痛心疾首地感嘆：「枉我是最懂周禮的人，卻犯下不可彌補的錯。」

孔子最後被驅逐出境，是因為他沒有了解晏嬰在齊景公心目中的地位，更沒有先親自登門道歉，以獲取晏嬰的諒解。

談判也是如此，**想在談判前被重視，就必須適時登門拜訪，以免造成利益損失，最終錯失成功的機會**。

從上述案例中，我們可以看出登門拜訪的重要性，如果孔子一開始就聽齊景公的話，前去拜訪晏嬰，或是在意識到事情的嚴重性時，不是派弟子出面道歉，而是親自登門賠罪，也許就有機會挽回一切。

接下來，介紹登門拜訪需要遵守的原則和禮儀。

❖登門拜訪的六個原則

①**事先預約**：提前預約是登門拜訪的首要原則，否則很可能被拒在門外，甚至使印象大打折扣。事先預約也是尊重對方的表現，如果你要當個不速之客，就要有吃閉門羹的準備。

②**不遲到、不爽約**：既然約定好拜訪的時間就一定要準時抵達，千萬不可以遲到或過分早到。如果真的臨時有事不能如期拜訪，一定要提前告知對方並道歉。

③**謙虛有禮**：登門拜訪一定要謙虛有禮，在對方心中留下最好的印象。如果接待我們的人不是拜訪對象，一定要先熱情打招呼。如果接見的是拜訪對象就要先問好，得到主人的同意後再坐下。如果見到與拜訪對象地位相同的人，記得要

起身打招呼。

④**衣冠整潔：**衣著整潔、儀表端莊是最基本的尊重。進門後，要適當地脫掉外套或摘下帽子，切記不要抱怨天氣。在對方的地盤上，要講究衛生、注重細節、不隨意放置物品，想抽煙時要先得到對方允許，並確實將煙灰放入煙灰缸。

⑤**談吐得宜：**談吐要大方、不說髒話或粗話，而且要避開對方的忌諱，經大腦思考後再說出口，也不能隨意打斷別人的交談。

⑥**審時度勢：**要事先規劃拜訪目的，不要久久不進入主題。談完主要的事情後，不能逗留過久，要適時告辭。如果對方有要緊的事，就要審時度勢、起身告辭，千萬別耽誤別人的事。臨走前記得向對方道謝，感謝其款待。

❖表示尊重的五個拜訪禮儀

登門拜訪時，不可忽視禮儀，如果隨心所欲，不斷踩到對方的地雷，就可能被列入黑名單。以下提供五個拜訪的基本禮儀，你只要做到這五點，對方便會熱情歡迎你登門拜訪：

①**進門前先敲門**：無論門是否開著，進門前一定要先敲門或按門鈴。切記，敲門的力道不能過大，每次最好敲三下，更不可以長時間按著門鈴。

②**向接待人員打招呼**：見到接待人員後，要先熱情地打招呼，再自我介紹，並告知你要拜訪的對象是誰。

③**見到別人也要打招呼**：進門後，如果見到其他人，要熱情地打招呼，千萬不可視而不見。

④**不隨意接聽電話**：正在和對方交談時，必須避免接聽電話。進門前最好先將鈴聲設定成振動或靜音，以表示尊重。

⑤**言談要有禮節**：說話時不要唯唯諾諾或盛氣凌人，更不要冷嘲熱諷。

跟有決定權的人交涉，就不必繞遠路大費脣舌

想要辦好事就要找對人，才會事半功倍。什麼人是對談判有幫助的人？答案是**具有決定權的重量級或關鍵人物**。我們看看以下例子：

劉先生一開始打算用六十萬元翻新家裡的地板和廚房，於是找了一個施工團隊，並告訴他們：「我的預算是六十萬元。」團隊負責人明明聽到劉先生的交代，卻仍然認為他最終會把預算提高到八十萬元。

於是，在施工的過程中，這位負責人不斷勸說：「劉先生，你家的屋頂也該修繕了」、「為了家人的安全著想，廚房牆壁必須使用隔熱材料。」、「如果不使用我們建議的材料，會對房屋造成更大的損害。」

剛開始，劉先生很堅持最初的預算，但在負責人不斷勸說下，不得不加入新的工程，導致最終的裝修費竟高達八十萬元。

劉先生最後花費八十萬元，造成家裡的經濟狀況很吃緊。如果他一開始就知道會加入新的工程，便能在預算內降低翻新標準。

劉先生陷入這樣的困境，是因為具有決定權的他直接與施工團隊接洽。如果一開始他就讓妻子接洽，當施工團隊想要將費用增加到八十萬元時，妻子可以說：「我沒有增加預算的決定權，一切由我丈夫做主，既然他把預算定在六十萬元，就要在預算內翻新。」在這樣的情況下，團隊負責人再怎麼勸說也只是徒勞。

施工團隊將劉先生視為談判中的重量級人物，所以直接與他面對面，勸說要增加新的工程。可見得，談判時一定要抓住具有決定權的重量級人物，並與他交涉。

❖ 聯繫關鍵人物可試探態度、體現誠意

若是企業之間的談判，事前最好直接和對方的總經理聯繫，最後才能在談判中取得優勢。特別是新興的小型貿易公司，他們非常重視談判，對於訴訟案或是有分歧的議題，態度會更謹慎、甚至緊迫。所以，談判前直接聯繫該公司總經理，可以更準確地試探出他們的態度，並展現我方誠意，同時也能讓對方更有壓力，使我方能順利完成後續談判。我們不妨看看下面這個例子：

X公司是一家日商企業，Y公司是一家擁有自家工廠的日本私人企業。日前，X公司準備收購Y公司的工廠。在即將進行談判前，雙方表達了自己的意願。

買方X公司提出要求：「由於Y公司在資產方面存在一些小問題，所以收購後，我們希望能得到賠償。」

賣方Y公司則持反對態度：「即使我們賣出的資產有問題，交接手續一旦辦理完畢，之後出現的任何損失概不負責。」

在這個問題上，雙方爭執不下。另外，在這次收購中，X公司會得到Y公司工廠內的諸多設備，但條件是必須保證這些機器能正常運作。

因此，X公司又提出：「如果機器損壞而不能正常運作，Y公司必須支付更新所有設備的資金。」而且，X公司還進一步考慮到：「如果機器損壞，Y公司必須承擔產品原本應獲得的利潤賠償。」

Y公司無法接受這些賠償條件，因此談判陷入僵局。X公司的律師必須為X公司爭取更大的利益，於是直接聯繫Y公司的吳社長。吳社長在商場上是個叱吒風雲的人物，有著廣泛的人脈。律師抱著不損害雙方利益的理念，與他進行交談，兩人很聊得來，但涉及收購案時，雙方都變得很嚴肅。

經過溝通，他們了解關鍵問題：設備出現故障時，該如何賠償？吳社長原先表達的意思是：「像這樣的收購案，工廠內的設備是基本環節。我們可以讓對方在交付日之前調查資產，但是交付後出現的任何問題，我們沒有承擔的義務。」

律師明白吳社長的意思，但依舊尋求對方讓步：「我方X公司與貴方Y公司有長年的合作關係，一直都是很好的夥伴。社長您之前也保證所有設備正常，我們才決定收購。所以，我認為在交付之後的兩年內，如果設備出現故障，貴公司得對X公司進行賠償。」

吳社長考慮片刻後，說道：「從交付日起的一年內，我們會賠償設備故障所造成的損失。這是我們能做的最大讓步。」

當然，X公司的律師也不會緊逼不放，錯失良好的機會，便立刻回覆：「好的，我代表X公司接受您的方案。」

如果X公司的律師沒有在談判前直接聯繫吳社長，最終的談判結果會如何？在解決問題時，我們一定要一針見血，並且直接與重量級或有決定權的人物對話，如此一來才有機會得到事半功倍的效果。

本章重點整理

- 談判的理想結果是互利，代表雙方有著不謀而合的動機，最終出現雙贏的局面。
- 談判前，要明瞭對方的成員有誰，以及其興趣愛好、在什麼場合適合提出談判話題、如何不讓對方心生厭惡等。
- 有了人脈就可以在第三方的幫助下，探詢未來可能合作的夥伴意向，同時利用各種管道接觸、認識及了解對方成員，為即將到來的談判做好準備。
- 無論提出什麼主張，都需要論據來支持，可以是精確的資料或是經典事例。總之，論據一定要充足且正確，還要能合理證明主張。此外，也可以善用邏輯金字塔，強化訊息的邏輯。
- 想在談判前被對方重視，就必須適時登門拜訪，並遵守拜訪的禮儀與原則，以免造成利益損失，錯失成功的機會。
- 若是企業之間的談判，事前最好直接與重量級人物聯繫，最後才有機會取得優勢。

NOTE

舉行會談要具備一定的客觀條件，是否天時、地利、人和？是主場還是客場？各種環境因素會對結果產生影響。談判者應該在會談前熟悉環境、預測變化，並調整目標與策略。

第 3 章

會談中，如何計算「天時、地利、人和」？

【時間】看透對方的言行舉止，抓住4種好時機

許多談判之所以失敗，是因為時機不當。時機是談判的重要因素，它的影響貫穿整個談判過程。那麼，我們應該在何時開始談判？何時提出我方要求？何時向對方施壓？何時結束？

❖ 想掌握好時機，先看穿對方的提示

良好的時機可以推動談判的進程，若不能好好把握時機，可能尚未開始就面臨失敗。在談判過程中，時機選擇不當可能會導致一個好主意不被採納。

當一個人反對某項提議時，或許不是被他的個人好惡影響，而是被時間或環境影

響。也就是說，那個主意在特定的時間或環境下，對某個人來說行不通。當你覺得某個想法對某客戶具有特殊意義時，不妨直接拜訪他。需要注意的是，一定要選擇在恰當的時間提出，才能取得好的成效。

在談判過程中，**你可以藉由對方在行動上的蛛絲馬跡，來掌控時機，這一切都建立在傾聽和理解對方之上**，這正是我不斷強調的一點。當我方能提出恰當的問題時，就能獲得更多談判時機的線索，例如：可以透過詢問了解對方的預算考量，進而提前做出採購方案。

不假思索地脫口而出，是挑選談判時機的禁忌。我們充分考量過任何提議後，就會發現當時的形勢是否為好時機，或是能否從中得到好處。需要注意的是，如果沒有經過仔細考慮，絕不能輕易答覆對方。

當我們不了解自己的談判對手時，可能會花費較長的時間達成交易。如果我們的開場白能打動對方，那麼在解說下一步之前，不妨先與對手交換意見。當我們的要求因為外在因素而得不到滿足時，不妨先去做另一件事，這樣既能減少心煩事，還能避免失去耐心。

每個人和事物都有固定的節奏，在現實生活中，即使能驅使別人依照我們的想法做事，也很難要求他們按照我們的時間計畫進行。所以在談判中，不妨延緩追求速成的欲望，藉由調整使我方的時間計畫盡可能與對方的吻合。

身為談判者一定要牢記：**談判過程中，選擇時機是需要耐心的**。只有堅持不懈，才能在宛如數字遊戲的談判中，向對方提出各種要求，並耐心地一再重複，這正是取得勝利的基礎。

在取得對方的承諾上，選擇談判時機和在何時說何話、做何事同等重要。當我們有足夠的信心，利用自己的思維來做某項工作時，實際上是透過感覺來分析思維，得出答案。時機的選擇，其實就是把直覺轉化成下意識的行動與默契。

當我們將時間計畫與交易時間做對照，或是將其完全獨立於談判之外時，轉化的過程就會顯得更簡單。每筆交易都有不同的期限，總是按照各自的預定程序和進度展開，什麼時候該做什麼、該怎麼去做都有嚴格規劃。

在了解談判程序後，很多人會試圖找出捷徑。舉例來說，當急於達成協議時，他們會想方設法壓縮談判時間，或是省略某些程序。不過，對時機視而不見，更不可能扭轉形勢的發展，這一切都將導致談判的結果不愉快。

❖ 預留充足的時間接受事實

無論是接受新事物或不同事物，都需要一定的時間。談判中的雙方，起初都會有太多不切實際的目的，展開的探討也伴隨著各種誤解和假設。在現實的談判過程中，找到一個合理的利益平衡點其實很困難。

想達到預設目標，就必須在過程中調整期望。在談判過程中，買方期望的價格標準會逐漸升高，賣方也會從中感覺貨物難以脫手。經過一番討價還價，雙方的願望逐漸靠攏，原本模糊的交易願望也逐漸變得清晰。

無論是買方還是賣方，要讓他們馬上適應這種極不情願的事實是不可能的。當任何一方無力說服對方，又不願意讓步，而堅持自己的目標時，就會出現欲速則不達的情況。

一般情況下，人們面對改變會有一種抗拒心理。在現實生活中，面對「死」這個概念，人們需要一定的時間接受，同樣的道理，在談判中接受來自對方的改變也需要時間。當一個人打算拋棄舊有思想，轉而接受新思想時，有鑑於他已經適應並習慣自己的老朋友，所以需要充足的時間自我調整，進而接受對方的觀點。

無論是買方接受高價，還是賣方接受低價，都建立在足夠的時間基礎上。精明的推銷員會先向買方講明漲價的原因，使對方有足夠的時間接受。時間造就事物的方式極其緩慢，所以需要在計畫中預留充足的時間。

❖ 如何善用時機，創造更好的成果？

在談判過程中，選擇恰當的時機並不容易，因為機會總是以意想不到的方式出現，雖然我們未必能預知，但必須敏銳地面對良機，並及時做出適當的反應，進而引導事情朝著有利的方向發展。換句話說，我們一定要懂得利用時機。

以下舉出四種情況，教你如何運用這些時機使談判有更好的結果：

①**對方情緒佳時：**在對方高興時，要求延長、續訂或重新簽訂合約，往往會獲得批准，這和趁對方高興時達成預期交易，是同樣的道理，這時候，只要我們的要求不過分，基本上會順利獲得批准。但若在合約即將期滿前要求，就未必會有好結果。

②**對方情緒低落時：**我們該如何利用別人情緒低落的時機呢？其實，這和趁對方高興時續約是同樣的道理。當別人面臨不幸或情緒低落時，也是為我們創造機會。當談判對象即將離任或下臺時，可能不再為細節斤斤計較，如果在這時候與他談判、簽協議，往往能取得成功。

③**非上班時間：**恰當地運用非上班時機也是一種手段。在上班時間之外的深夜或週末，打電話與談判對手溝通，也有機會取得好成果。在對方接起電話後，我們不妨這樣開頭：「我在此時打電話給您，是因為我認為這件事對我們來說都很重要。」

④**緩解威脅時：**我們也可以利用時間來緩解威脅。在談判過程中，我們既能利用恰當時機來緩解自己的要求，又可以迫使對方答覆。需要注意的是，絕不能讓

對方產生「只能選擇接受或放棄，而不得討價還價」的想法。

最後也是最重要的一點，就是釐清事情輕重緩急的順序。當我們**在談判過程中要討論好幾個問題時，必須先為最重要問題保留足夠時間**，絕不能在即將結束時才說：「是否可以再佔用大家的時間，說出我方的主要意見。」

【地點】注意5重點，在主場與客場都氣勢如虹

合適的談判地點有助於成功，所以選擇地點是一件不可輕忽的事。根據談判地點，可以分為主場、客場和中立場三種不同的類型：

①**主場**：在我方所在地進行。在主場談判時，會因為熟悉環境而有安全感，這樣既可以充分搜集各種資訊，還能隨時與我方主管、各類專家和談判顧問溝通，以便於研究和商討談判對策。

②**客場**：到對方所在地進行。在客場談判時，不僅要忍受舟車勞頓，還可能因為不適應環境，而情緒不穩。不過，在客場談判可以免除身為東道主的迎來送往，而且在遭遇僵局時，還能以「回去請示」為理由，暫時中止談判。另外，

在對手所在地實地考察，有助於深入了解對方。

③**中立場**：雙方將地點選在非雙方所在地進行，也就是第三地。這類型的談判較常出現在雙方同時參加商務活動的場合。

❖該怎麼挑選合適的談判場地？

對於經驗不豐富的談判者來說，盡可能選在主場談判，才能爭取主導權，這樣做往往能獲得很好的結果。

在主場談判時，將對手請到我方安排的會議室，還是到對方安排的飯店內場所，也有很大的學問。為了獲得大部分的主導權，有些公司規定：當客戶到達我方所在地時，必須在我方會議室進行談判。因此，選擇談判地點時，我們應該注意以下五個重點：

1 彰顯專業形象

談判設施的位置和條件同樣會影響結果，在選擇談判地點時，必須注意是否能彰顯我方的專業形象。

身為主場談判者，這不僅可以表示我方的真誠，更能展現負責任的態度。如果將地點選在中立場，可能會被認為沒有能力承擔責任，因此我方一定要盡到地主之誼。對客場談判者來說，他們要支付一筆交通費用，所以我方需要提供舒適且便利的會面條件。即使來訪者是以賣方的角色來進行談判，這種期望也被認為合乎常理。當主場談判者將地點選在自己沒有設置辦事處的城市時，理應支付額外費用。

無論是使用公司現有的場地，還是臨時租借的設施，都必須安排在能彰顯主場談判者形象的地方，切忌將職員餐廳或儲藏室當作會議室。

2 各種便利條件

談判地點要盡可能便利，因為氣候、機場位置、道路狀況、陸上交通、會議時間等因素，都會影響參與者的看法。同時，場所的實際狀況也很重要。衛生條件差、通訊設備不良或噪音太大，都會引起參與者的不良情緒。

我方覺得舒適的溫度，對方未必覺得舒服，來訪者甚至可能因為空氣品質問題而引發疾病，導致談判中止。對於這些無法控制的問題，東道主都應該提前備妥解決方案。如果使用裝修豪華的會議室，還可以替我方做行銷。舒適的環境能使人們集中注意力，確保談判順利進行。當然，不排除東道主會透過一些手段，使對方產生不舒服的感覺。雖然奢華不是必要的，但考慮不周也會使談判失去效率和寧靜。

有經驗的談判者會控制環境，來營造我方心理優勢，使對手在整個談判過程中處在不利的環境。這和打仗一樣，**能掌握開戰時機和地點的一方，在戰鬥開始前就已勝券在握**。

很明顯地，客場談判者是劣勢的一方，必須在對方選擇的時間與地點發揮才能。如果地點選擇在來訪者下榻的飯店，主場優勢將被大幅抵消，所以這種狀況通常被看作是中立場。當賣方處於客場談判時，買方可以控制環境來削弱賣方優勢，並利用賣方必須靠自己獲得基本需求和舒適環境的機會，迫使對方讓步。這種方式在談判中很有效。

相反地，當買方處於客場談判時，為了抵消賣方作為東道主的地利優勢，買方通常會選擇不在賣方安排的場地談判。這麼做的弊端在於買方會增加額外支出，但這種支出可以轉化為要求賣方在價格、運輸及所有權等方面做出讓步。

3 掌握主導權

在雙方都方便的場所談判時，不論是買方還是賣方，都不能掌握絕對的決定權，但在這種談判中，可以明顯看出哪一方占上風，這時新手常常會被精明的對手拉入預定的戰場中，導致失去談判主導權。

在現實中，客場談判的那方若將飯店、簽證甚至計畫等事宜都託付給東道主，是極度愚蠢的行為。客場雖然擺脫了做準備的負擔，但在面對東道主施加的影響時，會顯得無力招架。舉例來說，當東道主替對方選擇距離談判地點較遠，或價格較高的飯店時，會導致對方精力分散，並降低時間使用效率。因此，在發展較差的地方，東道主甚至會安排對方入住自己的子公司或親戚經營的飯店。

4 制訂應變計畫

來訪者為了掌握更多主導權，應該將東道主的安排當作建議，同時為了避免發生意外，應該事先弄清楚東道主的意圖。當東道主安排的時間或地點不妥當時，不妨提出改變要求供對方參考。

來訪者是賣方時，不妨以時間緊迫為由，反擊東道主施加的壓力。來訪者應該深入了解談判地點和附近的設施，避免輕信東道主的安排，造成不必要的損失。這時候，不妨將一張地圖和熟悉的旅行社作為談判工具。

身為東道主，在談判過程中，偶爾會碰到試圖控制談判節奏的來訪者。經驗豐富的買方型來訪者可能會刻意選擇在機場安排短時間的會面，讓身為東道主的賣方沒有足夠的時間介紹自家產品。遇到這種無法迴避對方安排的情況時，不妨選擇以東道主的身分來安排宴會，這麼做的目的在於打斷對方製造的緊迫感，有助於重新獲得主導權。

無論是主場還是客場，無論是賣方還是買方，雙方在選擇地點時，一定要牢記合約目標，在選擇地點這方面適當地考慮對方，才不會造成談判失利。但要注意的是，在選擇談判地點之前，不妨先擬訂計畫，做出應對方案。當我們無法選擇地點時，盡可能熟悉當地環境就顯得更加重要了。

5 笑裡藏刀的陷阱

東亞地區普遍應用一種控制外因的策略，來影響談判。這種策略相當巧妙，而且不論是在社交活動還是商務活動，都能即時掌控對方。具體的方法包括了安排客戶在導遊的帶領下參觀文化古蹟、幫對方取得早已售罄的音樂會入場票、將談判地點安排在通訊和交通不便的地區，甚至採取非正式的方式，暗示對手會根據結果來安排簽證，最後再明確地告訴對手：「既然你接受我方的招待，現在就是付出代價的時候。」

身為客場談判者，一旦被對方招待飯店住宿、豪華車輛接送、無止境的宴會，甚至收到珍貴禮物，實際上已陷入對手設下的陷阱，因為他們提供的服務越舒適，你在談判時就越難拒絕對方的不合理條件。面對這種策略，最好的應對方法就是「給對方一種預料之內的態度」。畢竟，對方提供如此奢華的服務，絕不是單純想表示友好的態度而已。

控制外因其實是一種迂迴策略。在前期給對手許多好處，過程中透過對方的讓步逐漸收回。實施這個策略是為了拋磚引玉，避免談判過程中喪失實際利益，達到對方讓步的目的。

❖雙方要適時協調議程

當談判過程需要多方接觸時，最好仔細協調談判議程。

在這樣的談判過程中，東道主可能自認為能支配對手的時間。因此，來訪者可以在談判開始前，明確告知自己停留的時間緊迫，但不必透露完整的時間安排，只須講明與談判相關的問題即可，因為東道主知道的資訊越少，來訪者越有利。需要注意的是，來訪者為了避免留下失禮的印象，不妨將接觸每家企業的時間定為一整天。

在談判過程中，東道主必須知道，並非每個來訪者都認為社交是談判的一環，有時過於好客反而會打擾對方。當來訪者要求按照一般工作時間進行談判時，東道主應該予以尊重，並修訂可能過於緊湊或疲勞的議程表。相對地，來訪者應該理解東道主為了增進雙方友誼所做的安排。

總而言之，在談判開始前或過程中，雙方對議程的安排進行交流和修訂，也是一項重要的工作。

【我方】成員特點×一搭一唱＝攻守俱佳

為了取得勝利，你需要組織一支強而有力的團隊。在緊張的談判過程中，團隊應臨危不懼、通力合作，成員要有較高的整體能力和強大的心理素質，懂得臨機應變，既要調適來自對方的壓力，還要克服過程中的各種壓力。

帶著專家一起談判是有好處的，一旦對方團隊中有專家級人物時，我方有類似或更厲害的人物，才不會被對方的勢力擊垮。而且，這種優勢有利於摸清對方的底細，搞清楚對方想了解什麼。我們看看以下案例：

小劉曾參加大學舉辦的文學人物研討會。研討會規定，無論抽到哪位人物，都要介紹相關的歷史故事，並簡單介紹其生平、作品等。這場研討會有一定的比賽形式，必須了解對手的文學底子。

小劉的對手是隔壁班的隊伍，聽說他們班有一位文學狂人，上知天文，下知地理，上下五千年無所不知。這讓小劉的團隊嚇得膽量盡失。後來，到了研討會那天才發現，對方所謂的文學狂人居然是杜撰的。對手竟然將清代才女吳藻和三國戰爭扯在一起，導致大家失去興趣，最後靠小劉糾正才挽回局面。

從這個例子可以看出，我們必須探查對方擺出來的陣勢是否為真。

❖有這四特點的成員，能助你一臂之力

除了擁有強而有力的團隊之外，成員必須具備以下四個特點：

①精湛的專業知識：當對手察覺你的團隊中有人具備精湛的專業知識時，通常能發揮正面作用。例如：在日常生活中，醫生擁有專業知識，當他們使用大量的

專業術語說服你時，你會感覺自己知識匱乏，趕不上對方思路，產生敬佩的心理，而不斷接受他們的建議。當團隊中多數人都擁有實戰經驗，甚至是談判專家時，我們會變得居高臨下，具有一定優勢。

②**廣泛的知識層面：**談判涉及經濟、金融、市場、管理，以及保險等領域，因此談判者必須同時具備多方面的知識。廣闊的知識層面能使談判者在過程中進退自如，精湛而簡練的語言能使他們有條不紊，所以談判者的綜合能力很重要。

③**熟悉法律和政策行規：**律師在平常的言談中會摻雜大量的專業術語，懂得在不觸犯法律的前提下解決問題。在現代社會裡，大家都在追求是否合法，每個人也都知道闖紅燈會帶來什麼樣的後果。同樣的道理，擁有熟悉法律和政策規範的成員，能讓團隊在談判過程中減少不必要的麻煩。

④**優良的心理素質：**心理素質包括抗壓力、能否在遇事時沉著冷靜，還有靈活的應變能力等等。組成談判團隊要以截長補短為基本原則，其中包含知識層面的互補，以及成員的明確分工。

❖ 一搭一唱的談判形式最難防備

談判有「主談」和「次談」兩個不同的工作。主談者一般掌握著決定權，應具備良好的溝通和調節能力，同時掌握談判技巧，以便領導成員達成預期目標。次談者以減輕主談者的負擔和壓力為原則，配合進行談判。**正常情況下，主談者與次談者的性格要互補，並符合團隊的基本要求。**

在某些談判中，一開始會選擇較低階的成員作為主談，即將達成協議時，才突然讓真正的主談者介入，並以我方成員沒有做決定的權力，或價格過低、時間緊迫為理由，推翻之前的承諾。當對手感覺成交無望而再次提出調整時，可能會攤開所有底牌，最後只能接受對方提議。在談判過程中，這種「始隱終現、虛實結合」的風格被稱為搭檔型談判形式，是最難防範的。

此外，從我方角度來說，與搭檔型對手進行談判時，必須謹慎小心。在處處充滿陷阱的談判桌上，稍有不慎就會落入對方的設計中。

搭檔型的談判組合能巧妙利用對方的成交欲望，往往會成為勝利者。如果對方已在談判中傾注大量時間和精力，會寧願再多花點錢，也不願意推翻重來，因為他必須再次付出時間和精力，甚至排開其他事情，而造成不利的影響。

從這方面來說，在談判的開始階段，就要先確認對手是否有在談判協議書上簽字的權力。若對方沒有決定權，不妨以此為契機拒絕談判，或是在條件和要求方面有所保留，以免暴露全部條件後，被對方抓住機會，導致談判失敗。

【對手】與對方團隊建立共識，或是安插自己人

進行談判時，不妨先讓對方成員接受你，如此一來獲得對方幫助的機率就會大幅提升。編著《實戰麥肯錫》（*The McKinsey Engagement*）的保羅・費加（Paul N. Friga）曾有這樣的回憶：

我曾負責為歐洲一家大型金融公司的銀行業務部，評估產品組合和市場的專案。剛開始，專案談判進展得異常緩慢，同時因為客戶的特殊要求，專案管理受到很大的考驗，各相關部門的負責人不太願意配合。

想要贏得負責人底下的關鍵成員們認可，也是一件不容易的事。由於他們對這個專案的理解存在各種分歧，導致彼此之間相互干擾。這當中有些人是公司的管理層和

銷售精英，我無法預料他們會做出什麼樣的事，想了解他們的想法也很困難。

為了避免造成麻煩，我花費大量的時間和精力，與他們談判、溝通，並深入調查每個人的背景、想法及其形成因素。在談判過程中，還與他們進行交流，促使大家保持相同的想法。在每個階段的報告會上，甚至單獨和他們交流、溝通，在消除談判不穩定因素之後，專案終於順利進行。

❖和對手建立友誼，讓他替你說服大家

根據麥肯錫的經驗，能夠得到對方成員的認可和配合至關重要。

在談判過程中，利用最短的時間與對手建立共識，獲得對方的支持和信賴，有助於推銷我方想法，進而在對方的支持下取得勝利。藉由交流，可以讓對方的每個成員都明白，雙方的談判目的具有高度一致性，只要雙方適當付出，將有助於達成目的。最佳的談判結果是雙贏，因此當我們的目的無法達成時，對手也不可能單方面獲得勝利。

此外，我們還可以試著和對手成為朋友。當你與對方團隊中的某幾個或是某個成員建立友誼時，他們可能會不小心或刻意透露談判資訊，例如：對手的談判意向、決策，或是有幾個競爭者、競爭者的報價等，這些訊息將影響你的談判成功與否。他們即便沒有拋出這些資訊，也可以在談判過程中旁敲側擊，從對手那裡獲得資訊，使決策更具有針對性，這將有助於談判圓滿完成。

在條件允許的情況下，適當地和對手進行聚餐、運動等社交活動，能放鬆緊繃的神經，還能淡化彼此之間的陌生與敵對感。當談判桌下的友誼被帶到桌上時，對方便會在過程中協助我方，使談判最終獲得成功。

【氛圍】怎麼化解僵局？祭出迂迴戰術突破障礙

三國後期，魏國司馬懿進攻馬謖駐守的街亭要地，拿下街亭後，乘勝直逼西城。這時候，無兵可調的蜀漢丞相諸葛亮沉著鎮定地打開城門，親自在城樓上焚香撫琴。疑心重的司馬懿最終因為擔心中了埋伏而退兵，讓掌握節奏的諸葛亮占上風。

這個故事說明氣氛對談判結果的影響。在談判過程中，掌控氣氛既能緩和緊張的氛圍，也能讓談判者在舒緩的氛圍中緊張起來。談判中既要保持氣氛嚴肅、柔和，更要避免陷入僵局，這表示我們必須規劃和掌控談判的話題與過程，還要看穿對手的目標，以掌握主導權來施壓對方，證明我方的實力不容小覷。

當我們可以掌握談判氣氛時，就能在最短的時間內了解對手並打敗他。需要注意的是，永遠不要在戰略上輕視談判對手，要用一百分的應對方案來承接五十分的壓力，只有這樣才能使我們立於不敗之地。

❖先當強硬派，再採取迂迴戰術

在談判過程中，千萬別做他人的應聲蟲。態度強硬是一種談判風格，會使對方手足無措，有助於加強我方的力量，最終走向成功。態度強硬不是一個簡單的觀念問題，而是要在談判開始前做好充足準備，就宛如上戰場前儲備彈藥一樣。若沒有充足的彈藥，即使有再好的槍法，面對橫衝直撞的敵人也無計可施。

態度強硬的談判者往往會在談判開始時，提出不切實際的要求，並在過程中堅持目標。隨著談判的展開，雖然有時會讓步，但幅度越來越小，卻又不至於讓談判形成僵局，而自始至終牽著對方的鼻子，引導談判展開。

當雙方為了維護自身利益而不肯讓步時，就會僵持不下，使談判陷入困境，這時不妨採取迂迴戰術來緩和氣氛。

當對手對於大部分的條款無異議，卻糾結於成交價格時，不妨為對方做詳細的分析。可以參考以下這個例子：

「根據現在的結論，我們無法達成雙方滿意的結果，因為一旦您滿意了，我的利益將無法滿足，而當您不滿意時，我的利益還是得不到保障。既然這樣，我們不妨設定一個雙贏的結局。先假設一下，當雙方在價格方面達成一致時，我需要提供整套設備，還是缺乏輔助的設備呢？」甲方詳細地分析。

「當然是完整的設備，沒有輔助的設備能做什麼？」乙方緊張地說。

「很好。這方面我們沒有異議了。您要的是價格滿意的整套設備。那麼，我是現在替您安排，還是過段時間再來？」甲方說。

「如果能達成一致，當然是越快越好！」乙方回答。

「好的。這個專案要由我來接洽還是助手？」甲方詢問。

「當然是您。雖然我們之間有分歧，但我還是喜歡跟您打交道。」乙方說。

「了解，我們總結一下，您想獲得最完善的設備，同時要求最優惠的付款方式。其實你應該知道，這台設備能創造的價值已超過我們爭議的價格吧！」甲方說。

這個例子告訴我們，當某項障礙導致談判陷入僵局時，我們應該拋開無關緊要的事，不讓它們與障礙混淆。**不妨採取迂迴戰術來淡化障礙，營造一個輕鬆的交流環境，以打破僵局，讓局勢朝著有利於我方的事態發展。**

本章重點整理

- 在談判過程中，你可以藉由對方在行動上的蛛絲馬跡，來掌控時機，這一切都建立在你傾聽和理解對方之上。
- 經驗不豐富的談判者要盡可能選在主場談判，才能爭取主導權，這往往能獲得好結果。
- 正常情況下，主談者與次談者的性格要互補，且符合團隊的基本要求。
- 與搭檔型對手談判時，必須在開始階段確認對手是否有決定權。若沒有，不妨以此為契機拒絕談判，或是在條件和要求方面有所保留，以免被對方抓住機會，導致談判失敗。
- 談判時，不妨試著讓對方接受你，或是和他們建立友誼，這可以大幅提升獲得對方幫助的機率。
- 當雙方為了維護自身利益而不肯讓步，使談判陷入僵局時，不妨採取迂迴戰術來緩和氣氛。

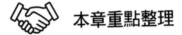

NOTE

談判的目的在於突顯雙方的共同利益，尋求彼此合作的可能性。

若你想透過談判圍繞雙方的利益，甚至拯救破局，就得學會本章的方法，如此一來便能達到雙贏的局面。

第 4 章

史丹佛、麥肯錫教你
6 方法，連破局也能救！

聯想與IBM的併購談判，實現利益互補與雙贏

如果沒有具體利益的刺激，談判會被扼殺在搖籃中。如果沒有不同的利益取向，談判桌上的針鋒相對和你來我往不會存在。如果雙方利益不能得到有效的協調而陷入僵局，便無法達成談判目的。由此可見，所有衝突都是圍繞著利益，所有合作也是基於利益才得以實現，**只有將自身利益拿出來和對方討論，才有機會分析問題和相互妥協**。換句話說，研究和追求共同利益，能為談判創造各種可能。

❖ IBM犧牲自己，換取雙贏

腦事業部。

二〇〇四年十二月八日上午，聯想集團宣布以十二點五億美元收購ＩＢＭ個人電腦事業部。

這場併購談判長達十三個月，對聯想來說依然值得，因為併購ＩＢＭ全球個人電腦業務，聯想一躍成為世上第三大ＰＣ製造商，成為中國率先進入世界五百強行列的高科技產業。借助ＩＢＭ的品牌及全球行銷管道，聯想可以大舉開拓海外市場，擁有遍及全球一百六十個國家和地區的龐大分銷系統和銷售網路。

ＩＢＭ最初計畫以三十億到四十億美元出售ＰＣ業務，但最後價格敲定為十七點五億美元，利益看似受到損失，但這不影響ＩＢＭ在其他方面的豐厚收穫。

舉例來說，ＩＢＭ在新聯想取得百分之十八點九的股權，成為僅次於聯想控股的第二大股東。ＩＢＭ當時的副總裁兼個人系統部總經理史蒂夫‧沃德（Stephen M. Ward），登上新聯想ＣＥＯ的寶座，由原來的經營軟體及大容量磁片領域，順利轉向利潤更豐厚的ＰＣ遊戲操縱杆的微處理器製造。透過聯想這個平台，ＩＢＭ為自己的中國經營策略搭建一個結實的橋樑。

ＩＢＭ放棄多年打造的品牌，其中必有玄機。有專家認為，這是因為ＩＢＭ的品牌定位已無法適應市場需求。**然而面對危機，IBM沒有硬撐也沒有放棄，而是採取犧牲規模換取利潤的策略。**

IBM以一個已成熟的品牌，建立第二品牌來化解危機、減輕負擔。雖然談判過程歷時長久，但藉由實現共同利益，最終肯定會獲得共贏的結果。如果IBM捨不得這塊心頭肉，非得用三十億才肯出售，無疑是欠缺長遠考慮的行為。

❖雙贏就是追求利益互補

現今的商業社會正處於強調經濟合作的狀態，無論何種企業，都在尋找長期、穩定的雙贏關係。企業追求的目標都是減少費用與風險，從對方身上獲利，以謀求最大利益。這時，就離不開商務談判的幫助。

然而，謀求最大利益不等於要減少對方的利益，談判雙方很多時候都不是利益衝突的關係。無數案例證明，唯有雙方都能從合作中得到利益，也就是實現利益互補，談判才有可能進一步展開並獲得好結果。

因此，談判前無論多麼想維護自身利益、盡快脫困，都必須告訴自己：**在為自身謀求最大利益的同時，必須兼顧對方的利益**。千萬不能思想狹隘、眼光短淺，否則只會令危機更加嚴重，陷入難以挽回的頹勢，等到最後關頭才想起要給對方甜頭，恐怕已回天乏術。

❖ 談判前得討論共同利益

在商務談判中，雙方的共同利益一開始往往不明顯。隨著談判的逐步深入，才能使利益逐漸明朗化，最終實現利益互補。

為了減少不必要的時間浪費，談判前必須先探討利益問題。這是因為部門職能的不同，即使是某個部門的精英，也可能在面對企業整體利益時，腦袋一片空白。舉例來說，銷售部門考量的是收入帶來的利益得失；採購部門考量的是預算帶來的利益得失；財務部門考量的是股票漲跌帶來的利益得失。

當我們把目光放在與自身利益有關的問題時，難免會狹隘地看待談判時的訴求和底線。由於受到個人干擾，企業與對方的利益互補會變得複雜或困難，最終使談判毫無進展或不歡而散。

所以，不管來自哪個部門，每個人都應該拿出精通領域的分析報告，總結此次談判的結果會為雙方帶來什麼利益、哪些利益顯而易見、哪些利益需要呈現在對方眼前、妥協會換來什麼利益、緊抓不放會失去什麼利益等等。討論這些問題之後，不僅會使可能獲得的利益變得更巨大，也會讓潛在利益變成既定利益，令人更加胸有成竹地參與談判。

當我們可以在談判桌上圍繞著對方的利益侃侃而談時，或許就離成功不遠了。

1 打出談判的王牌「80／20法則」，獲取關鍵籌碼

80／20法則也稱作帕雷托法則，是由義大利經濟學家帕雷托（Vilfredo Federico Damaso Pareto）提出。他在研究十九世紀英國人的財富及收益模式時，發現一個微妙的關係：少數人手中聚集大部分的財富，而且人數和財富以一種穩定的數學關係存在。

帕雷托調查大量的具體事例後發現：社會上百分之八十的財富，集中在百分之二十的人手中。也就是說，財富分配是不平衡的。

另外，這種不平衡的現象還廣泛存在於我們的生活與工作中，雖然沒有精確到百分之八十和二十，但仍被稱為80／20法則。人們通常會對處在頂端的百分之二十進行研究與討論，而忽略底部的百分之八十。

❖找出解決關鍵的20％問題，獲得超過80％利益

80／20法則在談判中也顯而易見。它是一種實證法的量化，是對談判雙方付出和收益存在關係的計量。由於談判雙方缺乏溝通，導致雙方使用百分之八十的時間，對只占百分之二十利益的次要問題討價還價，因此投注了大部分的精力，卻無法取得最佳效果。這時，需要雙方在開始談判前，先了解對方的需求，將時間和精力花在關鍵點上，以爭取事半功倍的效果。

以下是一個廣泛流傳於談判界的小故事：

兩個孩子在得到一顆柳丁後，對於該如何分配發生了爭執。這時，孩子的父親提出一個解決方案：為了公平分配，讓一個孩子負責切柳丁，另一個孩子先挑選。就這樣，兩個孩子得到各自滿意的結果。

但事實上，第一個孩子不喜歡果肉。他拿到柳丁後先挖除果肉，將柳丁皮磨碎，加進麵粉中做成蛋糕，吃得津津有味。第二個孩子卻剝下果肉榨成果汁，將他不要的

柳丁皮扔進垃圾桶。

雖然整個過程看似公平，兩個孩子也拿到自己想要的柳丁，但他們沒有充分利用到手的東西。究其原因，是他們在分柳丁之前沒有仔細溝通，也沒有表明自己想要的利益。雖然過程公平合理，利益卻沒有達到最大化，**這是因為他們沒有找到解決百分之二十的關鍵問題，才導致任何一方都沒有獲得百分之八十的利益**。

在分配柳丁之前，兩個孩子如果能充分交流，結果可能會大不相同。做蛋糕的孩子可以得到整個柳丁皮，榨果汁的孩子也能獲得整個果肉。無形中，兩個孩子不僅實現利益最大化，同時還滿足對方的利益。

在現實的商務談判中，類似的例子不勝枚舉。只知道一味固守自身立場、寸土不讓的人，並非好的談判者。**好的談判者要能與對手充分溝通，提出讓雙方利益最大化的方案，進而以較小的讓步博取最大利益。**

❖適當模糊焦點，贏得關鍵籌碼

在談判過程中，人們總有說服對手的欲望，也會為對方微不足道的讓步感到異常激動，甚至會為了無足輕重的細節引發爭執。所以，當重視技巧的談判者為了取得對方信任，在重要環節上爭取最大利益時，會在無關緊要的環節上適當地讓步。

舉例來說，在產品的訂購談判中，我們可以著重考慮占訂購金額百分之八十的產品。因此，不妨在談判開局時，先把焦點放在非關鍵利益的百分之八十身上，表現出一副它很重要的樣子。在對方極力爭取時，我們做出適當的讓步，透過這種方式來獲取重要項目的籌碼。

在談判過程中，如果能合理、靈活地運用80／20法則，將有助於取得主導權。這代表你能透過百分之二十的付出，得到百分之八十的實際利益，而你的對手可能恰恰相反，得耗費百分之八十的時間，只爭取到百分之二十的利益。

2 採取「換位思考」，能預測對手的策略和底線

換位思考是談判不可或缺的心理機制。客觀來說，換位思考指的是站在對方的立場進行思考。它是理解對方和增進感情的必經之路，有助於促進互相的理解和信任。

在談判過程中，如果我們能多站在對方的角度思考，可以更快了解對手的需求和目標，進而在自身利益不受損害的前提下，盡最大的努力滿足對方，達到雙贏的目的。

在商務英語中，換位思考即是「You-Attitude」，字面上的意思是「你方的態度」。在談判過程中，既要強化各種策略的應用，更應該主動換位思考，**唯有做到想對方之所想、急對方之所急，才能在滿足自身利益和需求的同時，獲得雙贏的結果**。

因此，想達成真正的雙贏，就應該在談判時貫徹換位思考。

❖站在對方立場更快達成共識

良好的開局與和諧融洽的氣氛，是談判走向成功的重要因素。在面對面的談判交鋒中，換位思考是不容忽視的溝通技巧。

雙方都是受利益的驅使，才會坐下來談判。為了獲得利益，具有豐富經驗的談判者會預設對手的選擇。藉由換位思考，可以知道對方的目的是否與我方相同，進而分析對手的心理和動機。在以能滿足對方要求為基礎，採取靈活的技巧，解決所有出現的問題。

在談判初始階段，站在對方的立場分析整個談判，有助於了解並分析對手的目標與利益，還可以綜合考量並安排我方的談判工作，以爭取雙方的最大利益。

在一般情況下，我們只會搜集自己認為重要的資料。但現實中，這種先入為主的傾向可能會破壞談判氣氛。如果高估對手，會導致我方情緒緊張；如果低估對手，會導致我方鬆懈。若一味堅持自己的觀點和態度，則容易陷入僵局。

在談判過程中，站在對方的角度思考，分析他們需要了解的資訊，並找出我方觀點的論據才是正確的方法，而不是想方設法證明對方的邏輯哪裡出錯。

換位思考可以幫助我們預測對手的策略、評估對方的利益需求，也有助於我們整合雙方利益。同時，還能看清我方觀點的偏見與薄弱之處，及時進行調整，使其更加合理、可信。如此一來，雙方便更快達成共識。

❖想打破僵局？換位思考也有用！

當談判陷入僵局，達成目標就變得遙不可及。究竟為什麼會陷入僵局呢？無非就是談判者看待問題過於局限。

當談判者運用換位思考，多聽、多問、多調查時，可以了解對方的意願，克服因文化背景、思維方式等引起的偏見，使彼此相互理解，讓整個談判變得更容易溝通，氣氛更加融洽，這時便容易達成一致的目標，距離雙贏也就更近了。

在談判過程中，轉化我方立場比嘗試改變對方立場還要容易。因此，當談判陷入僵局時，不妨試著用換位思考的方式來突破僵局。

3 不想讓談判變對抗，千萬「別把想法強加給對方」

談判的整體基調是由開始談判時決定，可以從對方的言談舉止中，初步判斷對方是否有意達成雙贏，或是盡最大努力爭取自己的利益。需要注意的是，**談判中絕對不能試圖將自己的想法強加於對方身上，否則會形成對抗性談判**。

❖ 對抗性談判與莽夫打架無異

讓結果達成雙贏才能稱為成功的談判。無論是單方面獲利，還是在損害對方利益的基礎上達成目的，都算是失敗的結局。談判過程中一味固執己見，最終將成為一場口水戰，所以我們應該盡力使用各種技巧來獲勝。為了達成雙贏，我們還要滿足對方的需求，令他們覺得自己也贏了這場談判。

完成一場談判不代表結束，也可能是下一筆生意的開始。談判的終極目的是尋求企業發展和更長遠的利益，這正是談判雙方的共同點。

曾有一堂為五十名律師舉辦的談判培訓課，內容是針對醫療事故訴訟。培訓前期，律師們對此課程非常感興趣，但在討論醫療事故案件時，氣勢逼人的律師開始威脅對方。隨著談判的深入進行，雙方最後竟然破口大罵，於是不得不中止討論。

上述的律師們顯然過於注重自己的利益，試圖以自身想法改變對手，導致談判走向對抗局面。這種一味強調己方利益而忽視雙方共同利益的做法，顯然不值得模仿。

❖先認同、再感受，將對抗導向雙贏

在談判的開始階段，沒有必要展現咄咄逼人的氣勢，更無須以自己的想法施壓對方。即使完全否定對方的說法，也不要立刻反駁，因為這麼做只會強化對方立場。因此，最好的方法是採用「先認同、再感受」的方式，向對手表述意見。

英國前首相邱吉爾擅長先同意對方觀點，再使用反駁來贏得談判。然而他也是一個有名的酒鬼，因此常常與宣導禁酒的阿斯托夫人發生爭執。

有一次，阿斯托夫人看到邱吉爾在喝酒，於是毫不留情地對他說：「邱吉爾，你又喝醉了。你簡直討厭死了！」

面對咄咄逼人的阿斯頓夫人，邱吉爾馬上說：「阿斯頓夫人，您說得對極了。喝醉的我令人討厭，但是酒醒後就會好了。可是，你即使沒有喝醉，也一直被別人討厭！」

在現實生活中，如果你對一個人發起攻擊，對方也會反擊你。同樣的道理，你反駁的對手也會捍衛自己的立場。因此，想淡化對方的競爭心態，不妨直接告訴他：「我完全理解你的感受，相信大家也有同感，但你需要知道這件事還存在幾個不足之處……」

舉例來說，當你推銷產品時，客戶往往會認為你家產品的價格過高，而無法接受，甚至舉出各種例子，來證明你的觀點是錯的。這時候，你可以採用這樣的說法：「我很認同您的感受，但您如果仔細分析，會發現我們家產品的性價比很合理。」

另外，**透過「先認同、再感受」，你可以利用更多的時間思考**。例如：當你在酒吧喝酒時，突然有一位女士跟你說：「當全世界只剩你一個男人時，也別認為我會請你喝酒。」

由於從來沒有人對你說過類似的話，你感到非常震驚，但透過「先認同、再感受」的方法，你可以先向對方表示認同：「是的，不止一個人跟你有同樣的感受。」等你情緒穩定之後，再好好感受對方的想法，最後適當地反駁。

在談判過程中，一味強調和追求單方面利益，只會使談判陷入僵局。唯有雙方都關注彼此的共同利益，才能促使談判走向良性發展，進而導向雙贏的結局。

4 「先給對手一點甜頭」，促進雙方利益最大化

對於只關心眼前利益的對手，我們需要說服他們放眼彼此的前景，接受我方意見。替對手勾勒長遠利益和合作前景，可以使雙方產生共鳴，便能改變對方立場，促進雙方達成協議。

❖ 提出假設刺激雙方利益

某燈泡生產公司在成立之初，由於沒有品牌效應和價格優勢，銷售情況十分慘澹。如果任由這種局面繼續發展，公司就只剩破產這一條路。為了順利打開銷路，並搶占銷售市場，董事長決定到各地推銷，以促進經銷商與公司合作。

這天，在經銷商大會上，董事長向大家介紹新產品，同時進行合作意向的談判。董事長向所有經銷商說：「這項技術經過我們多年研究才得以開發，它是一項有前途的新產品。雖然目前稱不上一流，但我希望各位用一流產品的價格向我們訂貨。」

面對董事長的說辭，各個經銷商議論紛紛：「有沒有搞錯？憑什麼要我們為二流的產品付出一流的價格？」「就是啊！既然你們認為產品和一流有差距，就應該用二流的價格出售！」

聽完大家的意見後，董事長不為所動，繼續推銷他的理論：「我知道這個建議讓各位很難理解，但還是希望大家能認可我的觀點。大家都知道，目前國內的燈泡製造業被某公司壟斷，全國的市場都是他們的，就連產品的定價權也在他們手中。也就是說，大家都被他們牽著鼻子走，即使他們惡意提高價格，我們也只能摸摸鼻子購買。假如市場上出現另一款品質同樣優良的燈泡，而且價格更優惠的話，應該是大家的福音吧。」

聽到董事長的解釋，所有經銷商紛紛點頭認同。在獲得大家的共識之後，董事長攤開底牌：「其實，我們之所以製造不出一流產品，是因為本公司成立時間尚短，沒有足夠的財力改進技術，才希望大家能以一流價格採購我們的產品，盡快讓我們籌出資金、改進技術。如此一來，我們一定能在不久的將來研發出一流的產品，相信那時候受惠的還是大家。」

董事長一說完，會場響起一陣熱烈的掌聲，他大膽的假設引起眾多經銷商的認可，也得到良好的成果。就這樣，一份份協議在愉快的氣氛中順利達成，這家燈泡生產公司成為這場談判的大贏家。

❖ 假設要以事實為依據

上述的燈泡生產公司以預測未來市場趨勢，成功扭轉談判中的劣勢局面，爭取到一流的銷售價格，還利用大眾期待的市場競爭，在眾多經銷商的心目中種下優惠客戶和長期夥伴的種子。

以事實為依據的假設，能夠幫助談判者走向成功。在談判過程中，發現我方的假設不符合現實時，要及時中斷並加以調整，以免造成更大的錯誤，帶來不必要的損失。

想提高假設的可信度，不妨將假設的重點放在對方思路上，而不是一味糾結於論點和細節。畢竟談判的主體是人，對人不對事的假設會更加合理。談判時，充分利用對手的心理，巧妙運用假設手法，使對方沉浸在虛假的幻想中，有利於追求我方利益。

5 借助「中立第三方的力量」，解決爭議打破僵局

在冗長的談判中，必須謀劃一個彼此都能接受的雙贏局面。大家願意坐下來花時間進行談判，無非就是追求利益。所以，談判時要把對方的感受和自己的利益，放在同等重要的位置上。唯有這樣才能讓對方感受到你的誠意，從而創造更高的價值。

❖ 靠第三方調解僵持不下的局面

當談判陷入僵局，無法憑藉雙方的力量完成談判，再堅持下去會陷入相互指責和抨擊時，可以藉由中立的第三方，來協調談判桌上的問題。以下舉出一個陷入僵局的房屋買賣案例：

阿輝在網路上看到一個房屋銷售廣告，無論是地理位置還是房型，皆符合他的需求，卻因為價格問題，無法和屋主達成意見一致。阿輝認為，這棟房子的價格落在三百萬元左右，屋主卻認為價值至少八百萬元以上。

為了達成買賣協議，雙方選定一家權威的房產評估公司，進行公平且合理的評估。幾天後，他們收到該公司的報告，其中指出這棟房子的價值為五百五十萬元。就這樣，他們都表示接受這個價位，於是達成交易。

在這個案例中，買賣雙方雖然都有交易的意願，但因為意見無法達成一致，需要藉由中立的第三方，也就是房產評估公司，來解決爭議。

在談判過程中，幕後協調的形式有高層會談、第三方調解、仲裁判決等等，主要用於確定解決方向、破除僵局等問題。以下將詳細介紹這三種形式：

第一種：高層會談

高層會談指的是公司、企業、部門高層及政要的會談。多用於解決不同性質的交易爭議、商務條件、價格限制、進出口限制、外匯管理、雙邊貿易等問題。為了避免談判陷入混亂，不應該過早啟動行政干涉。一個符合時宜、針對性和一致性的高層會談，才能引領談判前往更好的方向。

第二種：第三方調解

第三方調解指的是高層領導之外的人，為了促進談判達成協議而做的工作。第三方調解以溝通和協調彼此關係為主要目的，在談判過程中沒有固定的出面時間，既可以是談判之初，也可以是談判之末，且多以顧問的形式出現。

當談判出現僵局時，最好可以引入第三方進行調解。一般情況下，調解人會協調雙方解決有爭議的問題，找出較合理的解決方案。

經驗不足的談判者往往擔心被認為不懂談判，而不樂意邀請第三方調解人，但資深的談判者抱持相反的觀點，認為這種調解人通常是經驗豐富的談判高手，他們的參與也是解決雙方爭議的有效手段。

第三方調解人之所以能發揮作用，關鍵在於他是中立的。要特別注意的是，**第三**

方調解人必須得到對手的認可。首先，需要確認他在談判對手心目中的中立地位，所以一開始很可能會向對方做出讓步，而這也是有必要的。

此外，即使調解人對雙方的爭議一清二楚，為了樹立和明確自己毫無偏見的形象，在進行調解前，應該給予談判雙方申辯的機會。申辯的雙方要避免使用「我們」之類的敏感字眼，以免對方質疑第三方調解人的中立身分。

第三種：仲裁判決

仲裁機構的仲裁、法院的判決也屬於中立的第三方。仲裁指的是發生糾紛的買賣雙方簽訂的書面協議。因為發生糾紛的兩方無法自行調解，所以將糾紛交給雙方都認可的第三方，藉此進行裁決、找出解決方式。

仲裁建立在當事人自願的基礎上，由非司法機構的第三方來審理完成，他們做出的裁決具有一定的約束力。在本質上，仲裁是一種同時具有民間性、自治性、契約性的解決方案。當雙方沒有協議時，也就無從仲裁與受理。

法院與仲裁機構的不同之處在於，前者具有國家賦予的審判權。在雙方無法達成協議的前提下，某方當事人向具有審判權的法院提出訴訟，在法院受理訴訟後，另一方必須出庭。

當談判雙方沒有達成意見一致，導致問題無法解決時，應該交由法院進行審理。需要注意的是，上法院需要耗費大量的時間和金錢，在法院進行判決後，人們又經常問：「到底是誰贏得這場官司？直接獲得益處的是律師吧。」因此不到萬不得已，最好還是不要訴諸法律。

總之，雙方的談判內容不能達成一致時，引入中立的第三方進行調解、請求仲裁機構進行仲裁，或是向法院提起訴訟，來集中分配雙方的利益是有必要的。

6 談判瀕臨破裂？啟動「BATNA」確保雙方次要利益

在麥肯錫的談判過程中，當雙方對於共同利益無法達成共識，而趨於決裂時，必須退而求其次，謀求有望實現的部分，因為在這種情況下，追求彼此的合作意向，遠比雙方共同利益更加重要。

❖ BATNA的概念

談判協議最佳替代方案（best alternative to a negotiated agreement，簡稱BATNA、最佳替代方案），最早出現在羅傑・費雪（Roger Fisher）、威廉・尤瑞（William Ury）與布魯斯・派頓（Bruce Patton）合著的《哈佛這樣教談判力》

（*Getting to Yes*）一書中，意指當提出的交易不能實現時，當事人可能採取的行動方案，通常作為談判策略中的關鍵因素。

每個人對於最佳替代方案的選取與判斷，取決於談判者設定的談判底線或臨界點，因為對談判者來說，只要條件不踩到底線或臨界點，都可以接受。需要注意的是，任何位於臨界點之上超出預期的條件，都是雙方可以接受的。

在談判過程中，提出替代方案而被對方認同的人，必定更有優勢。了解自己和對手的最佳替代方案，有助於走向成功。這種看似簡單的方法為談判者提供底線，讓他們以此為基礎，決定自己是否要接受談判結果。

❖談判瀕臨破裂時，提出BATNA

當談判雙方的共同利益無法達成一致時，及時提出BATNA戰略，有機會獲得我方的次要利益。在執行上，必須注意兩個重點：「談判前，先擬定最佳替代方案」，以及「隨機應變的最佳替代方案」。

談判前，先擬定最佳替代方案

最佳替代方案是在無法達成預期目標時的應對方案，也可以預測可能會發生的情況。在展開談判前，一定要清楚自己的最佳替代方案，唯有這樣才能知道交易是否合理，以及該在什麼情況下結束這場談判。

在談判開始前，不能了解最佳替代方案的人必然會在談判中處於劣勢，加上過於樂觀的想法，可能會錯失更優秀的條件。這裡提供一個案例：

小李在市場上以六百萬元的價格銷售自己的房子，在他掛牌銷售的第一週，有一位出價五百九十萬元的買家，但小李予以拒絕，堅持房子的市值超過六百萬元。

隨著銷售旺季過去，有意買房的人都將價格定在五百八十萬元上下。小李眼看下一個銷售高峰即將來臨，再堅持六百萬元顯然不太實際，這時候想賣掉自己的房子，就得重新考慮售價方案。不過，即使在第二個銷售高峰期順利以六百萬元售出，還要扣除兩個銷售期之間必須支付的一萬元費用，再加上心理壓力的無形成本，小李明顯吃虧了。

假如你的最佳替代方案優於當前收益時，可以選擇繼續等待，因為它是你進行交易的指導方針。為了避免不必要的傷心和失望，**談判者應該在準備階段就想清楚自己的最佳替代方案，而不是讓它懸而未決來影響結果**。一旦在提議或討價還價的階段仍無法確定時，將導致我們喪失判斷依據，使談判重新走回爭論階段。

隨機應變的最佳替代方案

最佳替代方案可以根據談判的進程，隨時進行修改和完善。無論哪一方要修改最佳替代方案，都應該參照雙方的意見，如果單純依照某方意見來完善替代方案，就不能稱為最佳替代方案，因為這種方案很可能得不到對方認同。

在談判過程中，改善不利於我方的最佳替代方案，有助於提升談判地位。如果能提出優於對方任何條件的備案時，一定要及時提出。這可以幫助你讓對方明白，我方在整個談判中占有較高的地位。

在分析並比較對方的最佳替代方案之後，我們可以選擇最有利的方案來執行，這可以提升我方的談判能力。如果能準確評估對手的最佳替代方案，無疑會使我方居於主導地位。

搞清楚對方的最佳替代方案，有助於我方分析與把握對方的談判底線，除此之外，了解對方的公司架構、交易目的、其他交易及關注的焦點，可以幫助我們提出適合對方需求的最佳替代方案，而且了解越多越有幫助。

當談判瀕臨破裂時，為了維持雙方的談判，必須提出BATNA戰略。這時不僅僅是維持談判結果，還能獲得一個長期合作的夥伴。

本章重點整理

- 在為自身謀求最大利益的同時，必須兼顧對方的利益。
- 好的談判者能與對手充分溝通，提出雙方利益最大化的方案，進而以較小的讓步博取最大利益。
- 談判過程中，既要強化策略的應用，更應該主動換位思考，唯有做到想對方之所想、急對方之所急，才能在滿足自身利益和需求的同時，獲得雙贏的結果。
- 過度注重自己的利益，試圖以自身想法來改變對手，會導致談判走向對抗的局面。
- 為了說服對方，我們提出的假設要以事實為依據。若不符合現實，要及時中斷並糾正，以免帶來損失。想提高可信度時，不妨將假設的重點放在對手的思路上，而非糾結於論點和細節。
- 當談判陷入僵局，無法憑藉雙方力量來完成談判，而且堅持下去會陷入相互指責和抨擊時，可以透過中立的第三方來協調。
- 在談判前，談判者應該想清楚自己的最佳替代方案，而不是讓它懸而未決去影響結果。

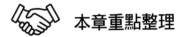

NOTE

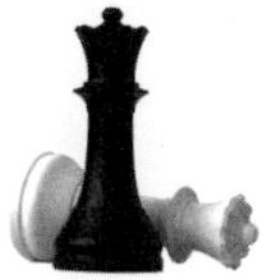

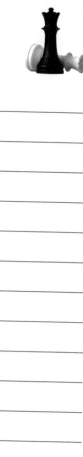

本附錄主要介紹企業經常面臨的六個困境，並且提供相關案例。只要全面了解危機，就能針對問題制訂談判策略、化險為夷。

附錄

了解談判 6 種常見困境，你也能防範未然

管理者的態度和能力，化解營運衝擊

在資訊科技快速發展的今天，企業危機是社會輿論關注的熱點和焦點，有時一件原本不起眼的事情因為受到媒體關注，而成為一件牽動社會各界的公眾危機。想要降低危機產生的不良影響，就要對危機的發生與發展有全面的了解。根據不同的標準，危機被分為三段論和四段論。

三段論認為，危機可分為「前、中、後」三個階段。第一個階段是危機前。俗話說：「預則立，不預則廢」，危機前主要是做好防範工作，也就是管理者要有危機意識，在危機尚未發生之前，要把導致危機發生的一切因素消滅在萌芽狀態。

第二個階段是危機中。此階段主要是危機爆發後，不能迴避、隱瞞，更不能任其發展，要全方位了解危機發生的原因，以及可能帶來的災難性影響，進而找到解決危機的辦法，並及時採取措施，避免危機持續擴大。

第三個階段是危機後的復原與學習。危機過後，重要的不是追查危機造成的嚴重損失，而是分析此次危機帶來的教訓與啟示，進而為企業的發展提供新的動力。

接下來，介紹企業在經營上可能會面臨到的六個困境與衝擊，以及相關的實際案例。企業管理者或負責人，只要掌握發生的原因與面臨的狀況，就能針對問題擬定談判策略以化險為夷。

困境1：資產虧損

任何成功的企業都不會一帆風順，而是在克服一個個困境的過程中逐漸成長。基本上，企業面臨的首要困境就是資產虧損。

企業是以營利為目標的經濟組織。唯有企業處於獲利狀態，且資金流動良好時，才有可能日益壯大。如果一直處於虧損狀態，就會失去存在和發展的機會。巨人集團（註：全名為巨人網絡集團股份有限公司）如神話般崛起，卻又不敵危機而倒下，導致這個慘況的原因就是虧損問題。

❖從巨人集團的案例，了解資產虧損危機

巨人集團從崛起、衰落再崛起。創辦人史玉柱畢業後，向親朋好友借了四千人民幣，承包深圳某大學的電腦設備，開啟創業之旅。

史玉柱先以抵押的方式在《電腦世界》（*Computerworld*）打廣告，將桌面出版系統推向市場，而《電腦世界》給他的付款期限只有十五天。在刊登廣告後的十二天內，他的戶頭分文未進，直到第十三天才出現轉機。就這樣，史玉柱把所得全部投入廣告中，四個月後銷售額突破百萬大關，為巨人集團奠定基石。

隨著資本越來越多，史玉柱打算創立公司。一九九一年四月，他以資金兩百萬人民幣成立珠海巨人新技術公司。一九九三年銷售額達到三百億人民幣，成為中國極具實力的電腦企業，公司的發展也開始受到社會重視。

因此史玉柱有了更大的目標。在一九九四年初，他發現電腦的發展日新月異，自家產品已完全被軟體取代。經過大量市場考察，他決定改變發展策略，把一部分注意力轉向保健品，並在多角化經營的策略下，決定修建巨人大廈。

按照最初的設想，資金應該不成問題，但在各種因素的堆疊之下，原本計畫建造十八層的大廈，一直增加到七十層，投資也從兩億人民幣來到十二億。然而，當時史玉柱手中只有一億多人民幣的資金。

不可思議的是，巨人集團沒向銀行申請貸款，最終因財務惡化而陷入破產的困境。為了彌補虧損，巨人集團以超過資金十幾倍的規模，投資於生疏且周轉週期長的房地產，等於凍結有限的財務資源，而且保健品的工程也缺乏正常運作與廣告費用，使企業陷入嚴重的財務困境。

雖然史玉柱已經東山再起，但是公司轟然倒塌的經歷讓他終生難忘。在重整巨人集團的過程中，他非常重視資產的獲利與運作，時刻讓資產處於良性運作的狀態，以避免虧損。

巨人集團的故事讓我們意識到資產的重要性。若資產沒有良性運轉，就不會有健康的發展。在重整企業的過程中，史玉柱為自己制定三項鐵則：

①**要有憂患意識**：必須隨時保有危機意識，做最壞的打算，並時刻防備公司突然倒掉的危機。

②**不得盲目行事**：不得盲目冒險、草率進行多角化經營，必須先做好市場調查研

究，並制定科學的經營戰略。

③ **保持資金充沛：**企業必須永遠保持現金流量的充沛。

❖ 好的資金運轉，才會造就成功企業

如果資金無法正常流通，企業便不會有發展空間和基本保障，所以想讓企業成功必須以正確的資金運轉為前提。為了防止資產虧損，管理者應該做到以下三件事：

① **擁有適當的戰略目標：**巨人集團在原本蒸蒸日上的局勢中，由於定位不精準，不顧資金短缺就展開多角化經營，造成資金鏈斷裂，這時破產便成為不可避免的事。

② **科學管理和技術創新：**造成巨人集團資金虧損的主因，是管理跟不上發展，也就是管理層沒有隨著企業規模擴大而逐步調整。一般情況下，管理層的主要任務是有效整合，這正是穩健發展的關鍵，否則難以發揮企業整體優勢，子公司

會各自為政，造成內部協調困難、財務失控。巨人集團採用控股型組織結構形式，使各個子公司保持獨立，但缺乏科學管理和財務制度，造成違規和貪污事件層出不窮，加速陷入財務困境。

③**合理配置和運用財務資源：**巨人集團因為財務資源而成功，卻也因此失敗，原因在於財務資源沒有合理配置和運用。所以，企業要保持資產盈利，就要好好協調資產的盈利與流動，並保持財務結構與資金的平衡。

④**產品符合市場需求：**企業盈利與資金的良性運轉都是依靠產品的銷量，只有產品被消費者喜愛，企業才能獲利。史玉柱經常潛入消費者之中，調查他們的愛好和消費模式，並且進行改善，因此能夠東山再起。

困境 2：人力資源

企業的發展離不開生產者和管理者，所以人力資源是企業發展的核心。人力資源一旦出現危機，就預告著企業即將陷入困境。

人力資源危機已成為影響企業發展的首要因素。根據調查，中國有百分之十四點四的企業處於人力資源高度危險狀態，百分之四十點四處於中度危機，半數以上處於中高度危機，甚至有百分之三十三點七的企業表示，人力資源危機已產生嚴重影響。

二〇二〇年新冠肺炎疫情爆發，限制了人與人的交流與互動，企業在經營運作上，特別是在人力資源管理的領域，必須加以因應與調整。

❖ 疫情對企業人力資源管理的衝擊

台企銀為了因應新型冠狀病毒疫情，設置疫情擴散應變小組，以掌握最新情況、準備與供應防疫資材、擬定與執行防疫措施、鼓舞並關心疫情嚴重地區的同仁等防疫應變事宜，並且視需要向董事長與主管機關提出報告。

由於在武漢設有分行，台企銀規定中國地區員工除了上下班之外，如需離開辦公處所或居住地，應向單位主管報備。此外，上海分行協助武漢分行辦理法報資料報送作業。疫情結束前，海外分行（含子、孫公司）人員可暫免回台。另外，台企銀武漢分行、上海分行、香港分行及上海的台企銀國際融資租賃公司，每日向國際部呈報營運、人力及人員健康等事項。

這波疫情對企業的人力資源部門而言，既是危機也是轉機。除了要能快速反應之外，也要因應變化提出後續的相關措施，考驗著人力資源部門處理問題與緊急反應的能力。（註：本案例取材自傑報人力資源服務集團的文章。）

造成人力資源危機的主要原因是管理失控，根據產生危機的原因，可分為四種類型，包括人力資源過剩、人力資源短缺、缺乏企業文化、員工缺乏忠誠度。

❖第一類：人力資源過剩

人力資源存量過多或配置超過發展需要，和企業的經營狀況有關，一般是由於效益不佳、企業併購、戰略失誤這三種情況所引起。不過，一旦企業規模擴大、效益提高或經營戰略發生變化，人力資源過剩危機就會自動解除。

因為企業經營不佳造成效益低下、市場萎縮，需縮減業務規模或撤銷分支機構，而造成人力資源過剩是企業危機中最明顯的。

另外，企業併購雖然能擴大規模，但如果無法妥善處理整合機構、安排管理人員等問題，不僅無法提高競爭力，反而會造成人力資源過剩，使企業陷入困境。

有些企業會設定過高的目標來配置人力資源，但實際情況與目標差距太大時，各級組織或團隊會人滿為患，最後不得不大量裁員，這不僅影響企業形象，也是對員工不負責任的表現。

❖第二類：人力資源短缺

人力資源短缺和過剩，似乎是兩種相反的企業危機，事實上兩者都是企業在擴張過程中產生的危機，雖然它們都對發展造成一定的影響，但是人力資源短缺是影響發展的核心因素。

面對激烈的市場競爭環境，企業要生存發展就必須具備高度競爭力，如果缺乏人力資源，則無法展開經營戰略，更嚴重還可能耽誤先機。例如：人力素質不足、核心人才匱乏。如此一來，便不能實施與如期完成策略目標，使企業在激烈的市場競爭中處於劣勢，陷入困境。以下將詳細說明這兩種情況的表現形式：

1 人力素質低下

隨著企業發展，策略目標和發展策略必須進行相應的調整，並要求企業提升管理水準和技術，如果員工的技術和管理水準不能適應變化，企業就會出現人力資源素質低下的危機，也就無法滿足發展策略的要求。

許多企業普遍存在人力資源短缺的困境，這不僅表現在員工的知識、技能和經驗上，還表現在職業精神和職業道德方面，舉例來說，員工經常違背、達不到要求或思維沒有進入狀態，造成許多錯誤和矛盾。這種困境持續的時間長短，與培訓體系是否完善或是否有效，有直接的關係。

2 缺乏核心人才

企業生產需要大量的員工，更需要核心人才，特別是以專案形式運作的高科技企業，這類人才顯得尤其重要。如果缺乏運作專案的人才，就不能正常進行規劃，而嚴重阻礙企業發展。

由於市場的週期變化與不確定性，人力資源規模也會受市場變化影響。旺季時，核心人才嚴重短缺，使他們疲於奔命，但在淡季時，人員過剩導致辦事效率低下，增加企業成本。想解決這樣的問題，必須提前做好人力規劃，防止出現結構性短缺，給企業和員工帶來不好的影響。

❖第三類：缺乏企業文化

簡單來說，企業產生文化危機就是內部無法達成共識、缺乏凝聚和號召力、員工的要求得不到滿足且沒有歸屬感。企業文化雖然不能產生直接的經濟效益，有時候還需要企業擴大投資，提高經營成本，但長遠來看，則會激發工作熱情，使員工更加積極。

然而，許多管理高層看不到企業文化的功用，經常看重生產勝過於文化，導致企業引發文化危機。其實，企業文化與管理者有一定的關係。企業文化危機的根源，在於管理者自身的素質和魄力，如果管理者缺乏文化的建設能力或精神境界，便無法營造出讓企業持續發展的力量，更不可能激發員工的凝聚力。

這種狀況會在員工內心蔓延和傳染，是各種人事矛盾和衝突的根源，也是目前企業最常見的人力資源危機。引發此類危機的原因，在於企業缺乏核心價值觀或有效溝通，員工處在無主流意識支配的狀態，如同一盤散沙。

由於沒有共同願景與心靈默契，員工對企業缺乏認同、各自為政，凡事先從個人或小團體出發，再考慮其他人，甚至更看重個人與局部利益，導致企業內部缺乏公平公正。

❖第四類：員工缺乏忠誠度

這類危機會直接影響企業發展。由於不注重企業文化，使員工缺乏認同感，為了追求更高的收入或發展空間，而產生跳槽的念頭，特別是高層集體跳槽。這往往會帶給企業嚴重的損失，因為只要高層人員不更換行業，就很可能投奔至競爭對手，帶來更大的衝擊。

企業追求的目標是利潤，也就是效益，而員工在意的是自己的飯碗。員工不僅在意自己的飯碗能不能端牢，更在意飯碗的品質，所以他們會關注當前的待遇，更關心個人和公司今後的發展前景。企業想留住人才，不單單要建立健全的薪酬體系，更需要創建良好的企業文化，讓員工對企業有情感歸屬和價值認同，以增強彼此的凝聚力。

總之，人力資源困境對企業的發展有著重大影響。為了避免不必要的損失，企業應該根據情況做好相應的準備，特別是管理者要提高識別和應對人力資源困境的能力。

困境 3：企業形象

企業形象是企業文化的外在表現，是社會對企業的整體感覺、印象和認知，也是反映企業狀況的綜合表現。良好的企業形象是經營成功的重要因素。

在激烈的競爭中，唯有良好的企業形象，消費者才會願意購買這家企業的產品或服務，否則就會拒之門外。所以，擁有良好的形象不僅是創造利潤的前提，更是長久發展的必要條件。

❖ 企業形象會影響長遠利益

企業一旦出現形象危機，就會造成不可挽回的損失。有些人認為，企業形象出現危機是由於管理不善或操作不當，使信用、名聲和誠信大幅降低，對經營造成不利影響。也有人認為，是內部管理不善、企業家自身形象不良，或不正當競爭等因素，而產生負面影響和評價，降低企業的信任和威信。

不管是哪種看法，都強調：**一旦企業產生形象危機，其產品或服務便不再被社會和市場接受或認可，這關係著企業的長遠利益**。

二〇〇九年四月十三日，以降火氣聞名的王老吉涼茶，被杭州某消費者經常飲用王老吉涼茶，而引發胃潰瘍。由於此案引起輿論的關注，問題很快有了下落。

五月十一日，中國國家疾控中心的營養與食品安全所對外發布消息：王老吉添加的某些原料不符合《食品安全衛生管理法》規定。這個消息一公布，王老吉的企業形象受到打擊、效益銳減，背負著巨大的輿論壓力。

王老吉迅速採取應對措施，緊急召開記者會，並對外宣稱王老吉涼茶中含有的夏枯草配方是合法的，也沒有添加物。為了盡快解除危機，更透過中國衛生部發布聲明，稱自己在二〇〇五年就已經在衛生部備案，一再強調夏枯草非常安全，無任何副作用。

經過緊急處理之後，王老吉扳回企業形象。這件事告訴我們，高知名度及高影響力的企業，只要出現任何一點波瀾，就有可能發生形象危機。因此，企業在平時的經營活動中，必須做到以下三點：

①**嚴格守法**：依法經營、嚴格遵守行業規則，才能降低發生危機的可能性。

②**不誇大宣傳**：行銷宣傳有度，不做假宣傳，避免過分誇大。

③**建立信譽**：積極建立品牌的信譽，因為信譽是企業的無形資產。

形象危機是任何企業在發展過程中不可避免的問題，例如：產品品質不合格、誠信危機、法律糾紛、勞資糾紛、重大事故等，這些危機一旦被大眾知曉，就會使企業的形象遭受考驗，進而影響績效，甚至關乎存亡。

❖ 企業形象危機的特徵

然而，相較於其他危機，企業形象危機的特徵是具有突發性，一旦發生，企業原有的發展格局就會被打亂，對企業的影響也立竿見影，甚至具有毀滅性。因此，企業的決策者必須迅速做出反應，將風險降到最低。

造成企業形象危機的原因有很多，一般來說有兩種情況，分別是外因和內因。外因指的是外部不可抗力的原因，例如：毒奶粉事件對整個乳製品行業的影響、瘦肉精對整個肉類行業的影響。內因則是企業內部危機意識不強、管理疏忽和大意等，主要有以下四種表現：

①在價值理念上缺乏正確的觀念與文化。
②形象管理缺乏必要的危機意識和預警機制。
③形象操作缺乏科學系統的理論。
④缺乏處理形象危機的技巧。

很多企業陷入形象困境時反應過慢，不能及時與消費者或媒體進行溝通，甚至在危機出現時，試圖掩蓋事實，這麼做往往會適得其反。

企業就像人一樣，有時也會犯錯。處理形象危機的最佳方式，應該是在出現錯誤後，及時讓消費者了解事情的原委，將危機處理透明化，才有機會獲得消費者的諒解。

困境4：發展瓶頸

任何事物的發展都有一個過程，就像人生有高峰也有低谷，低谷像是企業發展的瓶頸期。當企業遇到以下兩種情況，就會面臨瓶頸期：

①**產業瓶頸**：指一個產業在相關的體系中，不能適應其他產業的發展。

②**生產瓶頸**：指工作的完成時間與品質等因素，無法發揮整體水準。

如果能在這些瓶頸期找到出口，企業將迎來發展的機遇，取得更大的成功，否則可能會一直深陷其中。

❖ 垂直農業發展瓶頸多，無法解決糧食危機

農業科技發展多年，現在已開始商業化，包括與固定通路合作成為農產品的供應商，相關技術的投資也一直是市場焦點。美國Bowery Farming在二〇一八年底從Google獲得九千萬美元資金，而美國最早的垂直農業機構之一AeroFarms，去年從IKEA、杜拜風險投資基金等地方獲得四千萬美元。市場估計二〇一七至二〇二四年，垂直農業市場價值將從二十五億美元增加到一百三十億美元。

GE子公司Current和前飛利浦照明業務公司Signify都看到市場商機，紛紛推出新的照明解決方案，可以與軟體配合，達成精準農業的要求。垂直農場經營者相信，隨著技術成本降低，垂直農場也可以大規模生產高價值作物，抵銷能源成本。但是，經營此類農場的成本很高，它們是種植昂貴產品的利基方式。

最新研究顯示，垂直農業雖能解決耕地不足的問題，但會帶來另一種糧食危機，原因除了垂直農場需要龐大的電費與操作成本之外，它只適合種植綠葉蔬菜和草本植物，無法涵蓋所有蔬果作物。

有專家指出，使用電力種植作物的可持續性也存在疑問，這種標榜利用最少自然資源的農場，卻使用大量的燃煤發電來種植蔬菜。另外，目前垂直農業只能作為輔助，不能當作唯一的解決方案，仍需要思考正在減少的土地和糧食安全的根本問題，以及技術的創新。（註：本案例取材自《TechNews科技新報》的文章。）

近幾年中國私人企業雖然快速發展，卻很難長久維持。根據調查，全國私人企業約有百分之七十在前五年內倒閉，剩餘的企業中又有百分之七十在十年內倒閉，平均壽命只有七點零二年。

如果仔細分析這些企業，不難發現它們主要有以下五個共同點：

①**缺乏科學的策略目標：**擁有科學的策略目標，是長久發展的指標。遺憾的是，很多創辦人在創業時沒有認真思考未來，只考慮眼前能否獲利，沒有從策略的角度看待企業，更不用說擁有科學的策略規劃。市場變化迅速，如果不能做長遠打算，遲早會被淘汰。

②**缺乏核心產品：**核心產品是一家企業立身的基石，很多小企業卻沒有意識到這

點，總是無法持久堅持自己的主營業務，只要稍微賺到一點錢就想跨足其他行業。小型企業想在本業贏得一定的生存空間不是件容易事，如果不知道怎麼維持獲利，不僅無法推進企業發展，還會推向死路。

③**體制不全、分工不精：**俗話說：「麻雀雖小，五臟俱全」，不管規模大小都需要一個完整的組織結構。有了好的組織結構，就可以透過設立標準來確保人才。許多企業缺乏組織結構和科學的用人機制，全憑管理者的興趣來安排職務，導致運轉受到嚴重影響。當面臨外界強烈的競爭時，企業就會非常被動。

④**員工有職無權：**有些管理者對員工缺乏基本信任，當企業發展到一定程度，管理者仍然事必躬親，不放權給員工，部門經理形同虛設，造成員工對工作缺乏熱情與動力。只有適當下放權力，才能建立能幹的隊伍。如果管理者緊抱著權力不放，甚至不顧眾人反對，企業的前景便不樂觀。

⑤**對員工過於節儉：**對行政支出來說，節儉是應該的，不該花的錢絕對不能亂花，這是降低成本、提高效益的重要途徑，但很多小企業對員工非常苛刻，不僅有業績不獎勵，平時的每一分開支還要精打細算。企業如此過分節儉，員工

怎麼會積極工作？

企業想獲得長久的發展，不僅要有雄厚的資本、大量的精英，還必須有明確的經營目標，這是經營成功的前提。沒有經營目標，企業生產就會陷入消極狀態。

其次還要深入分析自己「在行業中的定位」及「為了這個位置應該怎麼做」。這既是贏得成功的保證，也是長久發展的關鍵，只有具備科學的用人與獎懲機制、發展規劃和管理體制，才能突破瓶頸危機，走向成功的彼岸，最終破繭成蝶。

困境 5：客戶流失

客戶對於企業的重要性毋庸贅言。沒有大量穩定的客戶，企業就不會快速發展。在行銷手段日益成熟的今天，客戶量變得很不穩定。客戶流失、銷量下滑，兩者預告著企業效益的降低。無論是中小企業或是大企業的管理者，一定要擦亮眼睛，時刻關注客戶動向，以免在不經意間流失他們。

❖ 中國移動兩個月流失八百多萬客戶

中國移動近日公布一則二〇二〇年二月的運營數據，顯示用戶明顯減少。據了解，這是移動公司第二次客戶總數下跌，對比一月的總量來看，在二月足足少了七百二十五萬人，流失狀況慘重。看到這個消息，不少網友表示移動該好好反省，想留住客戶應該腳踏實地，拿出品質與性價比。不過，如今移動的優勢已經不再。

自一九九七年，中國移動每月都會公布用戶數據，但從近期的數據來看，二〇二〇年一月，客戶較上個月減少八十六點二萬，儘管移動的用戶龐大，但僅僅一個月就流失八十六萬人，若不採取措施挽留用戶，日後的發展將受到影響。二月份客戶的流失更創歷史新高，比一月多了七百二十五萬，兩個月累計達八百一十一萬。為什麼僅僅兩個月，客戶會流失這麼多？

其中原因可能與中國倡導攜碼服務有關，還有部分原因是移動目前已全面放棄贈送寬頻策略，並提高贈送門檻，讓不少用戶改用其他公司的方案，如果移動不提出對策，客戶流失還會更加嚴重。（註：本案例取材自《每日頭條》的文章。）

客戶流失危機一旦出現，將為企業的市場運作帶來不利。因此，我們必須明白客戶流失的原因，以下提供五個常見原因：

①**企業缺乏誠信**：俗話說：「言而無信，不知其可。」對公司來說，誠信是金；

對客戶來說，是擔心和沒有誠信的企業合作。有些企業為了追求利潤，一開始向客戶隨意承諾，結果卻無法兌現。一旦顧客發現企業缺乏誠信便會馬上抽身離開。穩定的客源會讓企業充滿活力，回頭客的作用更不可低估，但是不能兌現的許諾不僅不會招來客戶，反而讓老客戶投向競爭對手。

②**職員流動：**這是現今客戶流失的重要原因之一。由於直接與客戶打交道的是行銷人員，特別是高級行銷管理人員，他們的離職或變動容易造成客戶流失。根據調查，行銷人員是最不穩定的流動大軍，如果他們不能有效發揮作用，就會選擇離職，而離職的背後往往伴隨著客戶的大量流失。

③**被競爭對手搶奪：**在任何一個行業裡，客戶都是有限的，因此消費額龐大的客戶對企業來說更是珍貴無比。不過，其他企業也會對這些頂端客戶格外關注，導致這些客戶成為眾多企業的爭奪對象，所以管理者一定要時刻關注他們的反應，防止被對手搶走。

④**企業波動：**任何客戶都喜歡與運作良好的企業合作，因為他們的產品和服務品質有保證。客戶一旦發現企業的經營狀況出問題，就會為了自身利益而果斷離

開，給企業帶來無法彌補的損失。

⑤**管理不善：**對客戶採取雙重標準，也是導致客戶流失的重要原因。一般情況下，百分之八十的銷量來自百分之二十的客戶，因此很多企業會為大客戶設立接待中心，對他們熱情相待，卻對小客戶不聞不問。其實這是錯誤的管理方式，小客戶雖然只有百分之二十的銷量，但從他們身上賺取的利潤往往比大客戶高，為企業帶來的利益非常可觀。

❖防止客戶流失，你得做好這三項工作

另外，企業管理不善還會造成產品品質低落、職員離職、售後服務的問題，這些都會導致客戶流失。所以，為了防止客戶流失，企業要做到以下三項工作：

①**完善管理制度：**一個國家治理得好或壞，制度有著決定性的作用，治理好一個國家需要科學的制度。同樣地，管理一個企業並防止客戶流失，也需要一個科

學的制度。只有完善管理制度並留住人才，才能從根本上解決客戶流失的問題。

②**誠信經營：**企業一定要在誠信經營的前提下取得利益。如果企業事事講求效率而忽視誠信，雖然能帶來一時的收益，但長遠來看會造成大量客戶的流失，而且還會帶來其他風險。誠信經營也許在短時間內不能贏得利益，但是可以贏得更長久，時間久了，誠信就是企業最大的無形資本。

③**避免大客戶跳槽：**企業要健康發展，離不開大客戶的大力支持，所以必須提升他們的滿意度。為此，企業必須經常接近大客戶，及時掌握他們的需求，不僅要組建專業的管理部門，還要採取適當的銷售模式，努力做到個人化行銷及服務。另外，還要建立銷售激勵體系，藉由激勵的方式讓大客戶嘗到合作的甜頭，同時建立資訊管理系統和全方位溝通體系，以分析大客戶需求與提供資訊，這是防止他們流失的重要方法。

困境6：專案停滯

二〇一五年六月，搜狐財經轉載《中國經濟週刊》的文章，題目是「李小丹緣何夢斷丹東」。李小丹原本是北京三幸環球光學有限公司董事長，在二〇一〇年回到丹東老家，以企業家的身分建立丹東新區視光產業園，得到當時丹東市政府的大力支持。

根據媒體報導，地方政府給予國際視光產業園專案高度評價。丹東市招商局當天的會議記錄顯示，高層官員當場答覆將視光產業園區升級為省級重點園區，免除土地出讓費，並給予貼息貸款。這讓李小丹十分感動，彷彿看到未來的無限商機。

但如今，隨著政府主事者的異動，李小丹的境遇開始發生逆轉，專案停滯、債務纏身，無奈之下只好向政府提出訴訟。

李小丹的夢想是在父親面前有一番作為，卻沒想到由於專案停滯，讓夢想徹底化成泡影。這個故事充分說明專案一旦遭遇停滯危機，將帶來嚴重的毀滅性影響。

❖ 造成專案停滯的原因

專案停滯的原因，可分為內部和外部兩種。

就內部原因來說，一般是因為施行單位覺得，繼續進行此專案沒有利益可言，或是發現專案存在問題。在這種情況下，施行單位會主動停止，造成專案停滯。再者是施行單位因為資金問題而不能繼續推動，導致專案被迫停滯，前述所提的巨人集團大樓就是因為資金問題而停建。

就外部原因來說則有兩項，一是天氣或流行病等外部環境的影響，造成專案無法繼續，二是專案負責人及相關人員發生變化。李小丹的專案就是因為政策發生變化，而無法繼續進行。

專案停滯如果是外部原因導致，不僅意味著先期投入的資金都無法動彈，還會影響企業正常運作，特別是資金的流動。

資金無法流動會產生以下三種影響：

①**增加財務支出**：每項工程都有一定的預算，而其中一部分與工期有關，專案每延緩一天企業就會增加一天的開支。如果專案停滯的時間短，對企業的影響還小；如果停滯時間長，就會帶來巨大的財務負擔。

②**毀壞信譽**：企業沒有信譽，就沒有發展前途。李小丹的視光產業園已經與五十多家企業簽訂合約，但後來全部成為泡影，不能按時交付成果，牽扯到企業及工程單位的利益，不僅要賠償巨額違約金，也沒有辦法展開其他業務。

③**危害經濟效益**：專案停滯不僅影響施工單位的效益，還讓企業營運停頓，而且沒有廠房就不能生產，已經接下的訂單也就不能按時完成，這不僅會毀壞，還會帶來無法挽回的損失。由於專案停滯，企業不只無法實現願景、提高經濟效益，還會嚴重影響運作。

總之，專案停滯危機不僅會影響一家企業的發展，還會引起連鎖反應，對企業與社會帶來嚴重的損害。

國家圖書館出版品預行編目(CIP)資料

談判要學數學家，桌上說出一朵花：100%的準備和傾聽，為對方「計算」雙贏的局！/寧姍著
--初版. --新北市：大樂文化，2021.05
224面；14.8×21公分 . --（Smart；107）

ISBN 978-986-5564-20-9（平裝）
1. 商業談判
490.17　　110004333

Smart 107

談判要學數學家，桌上說出一朵花

100%的準備和傾聽，為對方「計算」雙贏的局！

作　　者／寧　姍
封面設計／蕭壽佳
內頁排版／思　思
責任編輯／張巧臻
主　　編／皮海屏
發行專員／呂妍蓁、鄭羽希
會計經理／陳碧蘭
發行經理／高世權、呂和儒
總編輯、總經理／蔡連壽
出 版 者／大樂文化有限公司（優渥誌）
地址：220 新北市板橋區文化路一段 268 號 18 樓 之 1
電話：（02）2258-3656
傳真：（02）2258-3660
詢問購書相關資訊請洽：2258-3656
郵政劃撥帳號／50211045　戶名／大樂文化有限公司

香港發行／豐達出版發行有限公司
地址：香港柴灣永泰道 70 號柴灣工業城 2 期 1805 室
電話：852-2172 6513　傳真：852-2172 4355

法律顧問／第一國際法律事務所余淑杏律師
印　　刷／韋懋實業有限公司

出版日期／2021 年 5 月 6 日
定　　價／280 元（缺頁或損毀的書，請寄回更換）
I S B N　978-986-5564-20-9